KONSTRUKTIVE ABBILDUNGSVERFAHREN

EINE EINFÜHRUNG IN DIE NEUEREN METHODEN DER DARSTELLENDEN GEOMETRIE

VON

PROF. DR. TECHN. LUDWIG ECKHART
PRIVATDOZENT AN DER TECHNISCHEN HOCHSCHULE IN WIEN

MIT 49 ABBILDUNGEN IM TEXT

WIEN
VERLAG VON JULIUS SPRINGER
1926

ISBN 978-3-7091-5965-1 ISBN 978-3-7091-5999-6 (eBook)
DOI 10.1007/978-3-7091-5999-6

Vorwort

Mit diesem Büchlein ist eine Einführung in die neueren Methoden der darstellenden Geometrie beabsichtigt, welche einen Überblick geben soll, wie sich dieser Zweig der Mathematik über den durch lange Zeit hindurch festgehaltenen Rahmen hinaus zu entwickeln beginnt. Der Inhalt dieser „höheren" darstellenden Geometrie scheint mir durch den gewählten Titel „Konstruktive Abbildungsverfahren" am besten umrissen zu sein. Ich versuche hier die Forschungsergebnisse in einer neuen, einheitlichen Behandlungsweise weiteren Kreisen zugänglich zu machen und damit auch dem Nichtgeometer den Zugang dazu zu erleichtern. In Verfolgung des von meinem hochverehrten Lehrer, Herrn o. ö. Professor Hofrat Dr. Emil Müller in Wien, gelehrten Abbildungsprinzips schlage ich den analytischen Weg zur Diskussion der Abbildungen ein, indem ich stets von den „Abbildungsgleichungen" ausgehe. Dieser Weg hat sich als sehr gangbar erwiesen, um vom Allgemeinsten zum Besonderen — im Gegensatze zur bisherigen Entwicklung — herabzusteigen. Jede Abbildung wird bis zur Bereitstellung der wichtigsten Grundkonstruktionen fortgeführt, die dann bei einigen charakteristischen Beispielen angewendet werden, womit auch eine kurze Einführung in das Anwendungsgebiet der betreffenden Abbildung verbunden ist. Eine darüber hinausgehende, lehrbuchmäßige Behandlung ist nicht beabsichtigt, für diesen Zweck sorgt die in jedem Abschnitte angeführte Literatur. Die Figuren sind auf das Notwendigste eingeschränkt, die übrigen zahlreichen im Texte beschriebenen Konstruktionen sind dem Leser überlassen.

Wien, 14. August 1926

L. Eckhart

Inhaltsverzeichnis

1. Einleitung

Unter darstellender Geometrie versteht man heute ziemlich allgemein bloß jenen Zweig der angewandten Mathematik, der die Abbildung und zeichnerische Behandlung der Raumgebilde mit Hilfe der orthogonalen, schiefen und zentralen Projektion lehrt. Diese drei Verfahren beruhen auf der gemeinsamen Grundlage des geometrisch gefaßten Sehprozesses, und dieser allein hat die längste Zeit hindurch die darstellende Geometrie beherrscht. Wenn auch die Behandlung der verschiedensten und teilweise recht schwierigen Probleme unsere geometrischen Kenntnisse, vorwiegend durch Verschmelzung mit der projektiven Geometrie, bereicherte, so ist doch nach einem Jahrhundert verheißungsvoller Entwicklung ein gewisser Stillstand eingetreten: der Hauptgedanke war ausgeschöpft. Erst die neuere Zeit hat die starre Schranke des alleinherrschenden Abbildungsprinzips durchbrochen. Dies geschah auf verschiedene Arten: erst wurden die bekannten Abbildungen von einem möglichst hohen Standpunkt betrachtet, dann aber wurden neue Abbildungen gefunden, bei denen an Stelle der bisherigen Raumelemente (Punkte, Geraden, Ebenen) oder der in der Zeichenebene verwendeten Elemente (Punkte, Geraden) andere geometrische Gebilde traten. Im Vordergrunde des Interesses stehen nun diese neuen Abbildungen, die für bestimmte Zwecke brauchbar sind oder die eigens dafür geschaffen wurden. Die darstellende Geometrie erfährt dadurch heute eine stetige Erweiterung; ihre neue Aufgabe liegt in der Aufstellung und Untersuchung neuer Abbildungen und der darin enthaltenen geometrischen Probleme; allerdings müssen solche Abbildungen das Merkmal der Konstruktionsmöglichkeit in der Zeichenebene tragen, damit sie überhaupt für die darstellende Geometrie in Betracht kommen können. Man kann die Entwicklung der darstellenden Geometrie kurz so kennzeichnen, daß sie ihren alten, von G. Monge vorgezeichneten Wirkungsbereich, nämlich die Beherrschung der Raumgebilde vermittels geeigneter Konstruktionen in der Zeichenebene, mit neuen Mitteln auf neue Gebiete auszudehnen beginnt. Dadurch tritt sie mit allen Zweigen der Geometrie in Verbindung und es ist nach den bisherigen Erfahrungen sicher, daß das Studium neuer Abbildungen zu neuen Erkenntnissen überhaupt führt. Eine zukünftige (in Ansätzen schon vorhandene) Aufgabe dürfte wohl auch darin bestehen, geeignete Abbildungen für die zeichnerische Behandlung verschiedener Probleme der Mathematik, Physik und anderer Naturwissenschaften bereitzustellen, die — ähnlich wie es die analytische Geometrie mit Hilfe ihrer verschiedenen Koordinatensysteme auf rechnerischem Wege tut — eine der Natur der betreffenden Aufgabe angepaßte Erledigung sichern sollen.

Wir denken uns eine Menge $\mathfrak{M}$ von geometrischen Elementen irgendwelcher Art, ferner eine andere Menge $\mathfrak{N}$ in einer Ebene Π, die wir als Bildebene bezeichnen und zugleich als Zeichenebene benutzen wollen. Unter einer Abbildung $\mathfrak{M} \rightarrow \mathfrak{N}$ verstehen wir irgend eine Zuordnung zwischen den Elementen von $\mathfrak{M}$ und $\mathfrak{N}$; soll eine solche Abbildung als zur darstellenden Geometrie gehörig angesehen werden können, so müssen bestimmte, charakteristische Beziehungen der Elemente von $\mathfrak{M}$ untereinander sich als Beziehungen der Elemente von $\mathfrak{N}$ zu erkennen geben, die mittels geeigneter Konstruktionen verfolgt werden können. Wir sprechen dann von einer Objektmannigfaltigkeit $\mathfrak{M}$, die mittels einer darstellend-geometrischen Abbildung auf eine Bildmannigfaltigkeit $\mathfrak{N}$ in Π bezogen ist. Die Aufstellung einer solchen Abbildung kann aus zweierlei Gründen verlangt werden: entweder sind uns die Beziehungen in $\mathfrak{M}$ konstruktiv unzugänglich, dann müssen wir eben die Konstruktionen in Π zur Beherrschung der Vorgänge in $\mathfrak{M}$ heranziehen, oder wir brauchen Konstruktionen für die Probleme in einer ebenen Mannigfaltigkeit $\mathfrak{N}$, dann kann uns die Abbildung durch die Untersuchung der bekannten Beziehungen innerhalb $\mathfrak{M}$ zu diesen ebenen Konstruktionen verhelfen. In Π werden die Konstruktionen zumeist mit Zirkel und Lineal ausgeführt, was jedoch den Gebrauch anderer geeigneter Instrumente nicht ausschließt.

Man erkennt, daß das Auffinden einer Abbildung nicht ein bestimmtes Problem ist. Denn, ist die eine der beiden Mannigfaltigkeiten $\mathfrak{M}$ oder $\mathfrak{N}$ auch gegeben, so ist die andere noch ganz unbestimmt, da man theoretisch unbeschränkt viele Zuordnungen beliebiger Mannigfaltigkeiten festlegen kann; sind aber auch $\mathfrak{M}$ und $\mathfrak{N}$ bekannt (oder gewählt), so ist noch die Art der Zuordnung frei wählbar.

Wollen wir nun eine Abbildung $\mathfrak{M} \rightarrow \mathfrak{N}$ analytisch allgemein fassen, so müssen wir naturgemäß den Koordinatenbegriff heranziehen. Wenn sich z. B. jedem Element von $\mathfrak{M}$ eine bestimmte Anzahl m geordneter Zahlen $x_1, x_2, \ldots . x_m$ zuordnen läßt, so daß zu jedem Element eine bestimmte Reihe dieser Zahlen gehört und umgekehrt eine solche das Element bestimmt, so sind die x die Koordinaten der Elemente von $\mathfrak{M}$; die Mannigfaltigkeit $\mathfrak{M}$ selbst bezeichnen wir als m-dimensional und sagen, sie enthalte ∞^m Elemente. Die Bildmannigfaltigkeit $\mathfrak{N}$ soll weiter n-dimensional sein, die dazugehörigen Koordinaten mögen $\xi_1, \xi_2, \ldots . . \xi_n$ heißen. Eine Zuordnung zwischen $\mathfrak{M}$ und $\mathfrak{N}$ läßt sich analytisch durch eine Anzahl von Gleichungen zwischen den x und den ξ festlegen, welche wir als Abbildungsgleichungen bezeichnen. Wenn gefordert wird, daß einem bestimmten Element in $\mathfrak{M}$ ein bestimmtes in $\mathfrak{N}$ entspricht (aber nicht umgekehrt), so kann man sich die Abbildungsgleichungen folgendermaßen angesetzt denken:

$$\xi_i = \varphi_i\ (x_1, x_2, \ldots . x_m) \qquad i = 1,2, \ldots . n,$$

worin die φ_i analytische, eindeutige Funktionen der x sein sollen. Bezüglich der Anzahlen m und n können nun die drei folgenden Fälle eintreten:

1. $m = n$, dann gehört zu jedem Objektelement ein Bildelement und umgekehrt zu einem Bildelement eine bestimmte Anzahl von Objektelementen. Geben die obigen Gleichungen nach den x aufgelöst ebenfalls eindeutige Werte, so spricht man von einer eineindeutigen Abbildung.

2. $m < n$, in diesem Falle ist die Dimension der Objektmannigfaltigkeit kleiner als die der Bildmannigfaltigkeit. Dann lassen sich aus den n Abbildungsgleichungen die m Größen x_1, $x_2 \ldots . x_m$ eliminieren und es bleiben $n - m$ Gleichungen zwischen den ξ. Es können also nicht alle Elemente von $\mathfrak{N}$ Bilder sein, sondern nur die, welche den $n - m$ Gleichungen genügen. Dadurch ist aus der n-dimensionalen Mannigfaltigkeit $\mathfrak{N}$ eine m-dimensionale herausgehoben, die natürlich als die eigentliche Bildmannigfaltigkeit angesehen werden kann.

3. $m > n$, hier überwiegt die Dimensionszahl der Objektmannigfaltigkeit, was soviel bedeutet, daß wohl jedem Element von $\mathfrak{M}$ ein solches in $\mathfrak{N}$ entspricht, daß aber umgekehrt einem Element von $\mathfrak{N}$ solche Elemente in $\mathfrak{M}$ entsprechen, welche den n Gleichungen genügen, also eine $(m - n)$-dimensionale Mannigfaltigkeit innerhalb $\mathfrak{M}$ bilden. Zu jedem Bildelement gehört also eine solche und diese alle bilden zusammen $\mathfrak{M}$.

Diese drei Fälle kommen praktisch vor und es soll nun ein einfaches Beispiel den letzten Fall erläutern. Wir denken uns ein rechtwinkliges Koordinatensystem (x, y, z) zugrunde gelegt, dessen xy-Ebene die Bildebene Π sein soll. Ein beliebiger Raumpunkt $p\ (x, y, z)$ wird aus einem festen Punkte $a\ (0, 0, \alpha)$ auf Π projiziert, wodurch sein Bildpunkt $p'\ (\xi, \eta)$ entsteht; es handelt sich also um die bekannte Zentralprojektion der Raumpunkte aus dem Auge a. Es entspricht jedem Punkt ein bestimmter Bildpunkt (von a abgesehen), dagegen gehören umgekehrt zu einem gewählten Bildpunkt alle Punkte des durch ihn gehenden Sehstrahles. $\mathfrak{M}$ ist also hier der dreidimensionale Punktraum, $\mathfrak{N}$ das zweidimensionale Punktfeld Π; $\mathfrak{M}$ wird in lauter eindimensionale Punkträume (Sehstrahlen) zerlegt. Durch eine einfache Rechnung erhält man die Abbildungsgleichungen:

$$\xi = \frac{\alpha x}{\alpha - z}, \quad \eta = \frac{\alpha y}{\alpha - z}.$$

Sie bestätigen die geometrischen Tatsachen. Nimmt man p, also x, y, z an, so ergeben sich bestimmte Koordinaten ξ, η für p'. Bei festem ξ, η stellen die beiden Gleichungen zwei Ebenen dar, deren Schnittgerade eben der Sehstrahl ap' ist. Eine Abbildung dieser Art ist wegen ihrer Unbestimmtheit zur Behandlung des gesamten Punktraumes natürlich unbrauchbar. Wenn man aber p auf eine bestimmte Fläche zwingt, so kann diese Abbildung zum Studium einer Geometrie auf dieser Fläche benützt werden. Wählt man hiezu z. B. die Kugel

$$x^2 + y^2 + z^2 = \alpha z,$$

so ergibt sich die bekannte stereographische Projektion der Kugel.

Ist eine Abbildung $\mathfrak{M} \to \mathfrak{N}$ geometrisch gegeben, das heißt, der Zusammenhang zwischen den Elementen der Objektmannigfaltigkeit und jenen der Bildmannigfaltigkeit durch bestimmte geometrische Beziehungen festgelegt (wie im vorangehenden Beispiele), so wird die Aufstellung der Abbildungsgleichungen unschwer gelingen. Ist aber eine Abbildung analytisch festgelegt, so erfordert das Erkennen des geometrischen Zusammenhanges eine Untersuchung, wie in den folgenden Abschnitten gezeigt wird. Bei diesen Abbildungen gehen wir von den Gleichungen aus, womit aber nicht gesagt ist, daß die darstellende Geometrie in der analytischen Geometrie aufgehen soll. Die Abbildungsgleichungen sind nur ein bequemer Ausdruck, der gestattet, verschiedene, sonst getrennt behandelte Abbildungen unter einem einheitlichen Gesichtspunkte zu betrachten. Hat man einmal den geometrischen Zusammenhang zwischen $\mathfrak{M}$ und $\mathfrak{N}$ gefunden, so kann die weitere Untersuchung sowohl auf synthetischem, wie auf analytischem Wege fortgesetzt werden; die Hauptsache ist die Ermittlung der grundlegenden Konstruktionen und dazu ist jeder dienliche Weg recht.

Bei dieser Betrachtungsweise drängt sich schließlich noch die allgemeine Frage auf, wie man für einen bestimmten Zweck eine geeignete (das heißt konstruktiv möglichst einfach zu handhabende) Abbildung herstellen könnte. Dieses Problem, ja selbst die Frage nach seiner Möglichkeit, steht heute noch gänzlich offen; wir sind derzeit in einem solchen Falle auf mehr oder weniger systematische Versuche angewiesen.

Literatur:

1. Müller, E.: Das Abbildungsprinzip, Jhrsb. d. Math. Ver. 22 (1913).

2. Eckhart, L.: Über die Abbildungsmethoden der darstellenden Geometrie, Sitzungsber. Ak. Wien 132 (1923).

3. Kruppa, E.: Über neuere Fortschritte der darstellenden Geometrie, Ztschr. f. angew. Math. u. Mech. 4 (1924).

4. Loria, G.: Storia della geometria descrittiva dalle origini sino ai giorni nostri, Milano 1921.

2. Die lineare Abbildung des gewöhnlichen Punktraumes auf die Punktepaare in der Ebene (Zweibilderprinzip)

Das wichtigste Verfahren der darstellenden Geometrie besteht darin, daß man die Raumpunkte als Elemente auffaßt und sie auf Punkte in der Bildebene Π abbildet. Wir denken uns zur Festlegung der Raumpunkte ein beliebig liegendes rechtwinkliges Koordinatensystem (x, y, z) und in Π für die Bildpunkte ebenfalls ein solches (ξ, η); zwischen beiden Koordinatensystemen bestehe vorderhand kein Zusammenhang. Wenn man nun einen Punkt $p(x, y, z)$ auf einen Bildpunkt $p'(\xi', \eta')$ beziehen wollte, so wäre diese Abbildung (wie das Beispiel im 1. Abschnitte) unbestimmt; wir nehmen daher einen zweiten Bildpunkt $p''(\xi'', \eta'')$ hinzu und legen fest, daß p nun durch das Punktepaar $p' p''$ abgebildet werde. Die Elemente der Bildmannigfaltigkeit sind jetzt nicht einzelne Punkte, sondern Punktepaare, die orientiert sind, das heißt, von denen feststeht, welcher Punkt des Paares der erste und welcher der zweite ist. In dieser Auffassung ist die Bildmannigfaltigkeit vierdimensional, da zu einem Punktepaare die Koordinaten $\xi', \eta', \xi'', \eta''$ gehören.

Da der abzubildende Punktraum aber bloß dreidimensional ist, so müssen die Bildpunkte einer Einschränkung unterworfen sein (Fall 2 auf S. 3). Wir erhalten nun eine solche Abbildung ganz allgemein, indem wir $\xi', \eta', \xi'', \eta''$ als Funktionen von x, y, z ansetzen. Fordern wir weiter, daß, wenn p eine Gerade im Raume durchläuft, die Bildpunkte p' und p'' jeder für sich wieder Gerade beschreiben, so sichern wir uns von jedem ebenflächig begrenzten Körper durch Darstellung seiner Kanten zwei Bilder, die mehr oder weniger denselben Eindruck hervorrufen, wie der Körper selbst (Zweibilderprinzip). Eine solche Abbildung nennen wir linear, und wir können ihre Gleichungen, wie aus den folgenden Betrachtungen hervorgehen wird, in folgender Form ansetzen:

$$
\begin{aligned}
\xi' &= \frac{a_1 x + a_2 y + a_3 z + a_4}{c_1 x + c_2 y + c_3 z + c_4} \\
\eta' &= \frac{b_1 x + b_2 y + b_3 z + b_4}{c_1 x + c_2 y + c_3 z + c_4} \\
\xi'' &= \frac{\alpha_1 x + \alpha_2 y + \alpha_3 z + \alpha_4}{\gamma_1 x + \gamma_2 y + \gamma_3 z + \gamma_4} \\
\eta'' &= \frac{\beta_1 x + \beta_2 y + \beta_3 z + \beta_4}{\gamma_1 x + \gamma_2 y + \gamma_3 z + \gamma_4}.
\end{aligned} \tag{1}
$$

Die Koordinaten der Bildpunktpaare sind linear gebrochene Funktionen von x, y, z, wobei aber zu beachten ist, daß die Nenner nur bei den zusammengehörigen Koordinaten der Bildpunkte gleich sind. Die Koeffizienten sind gegebene Größen, von deren Wahl die nähere Bestimmung der Abbildung abhängig ist. Führen wir überall homogene Koordinaten ein, indem wir

$$
\begin{aligned}
&\text{statt } x, y, z \text{ setzen: } \frac{x}{t}, \frac{y}{t}, \frac{z}{t}, \\
&\quad ,, \quad \xi', \eta' \quad ,, \quad : \frac{\xi'}{\tau'}, \frac{\eta'}{\tau'}, \\
&\quad ,, \quad \xi'', \eta'' \quad ,, \quad : \frac{\xi''}{\tau''}, \frac{\eta''}{\tau''},
\end{aligned}
$$

so können wir unter Verwendung der willkürlichen Parameter σ', σ'' die Gleichungen (1) schreiben:

$$
\begin{aligned}
\sigma' \ \xi' &= a_1 x + a_2 y + a_3 z + a_4 t = a, \\
\sigma' \ \eta' &= b_1 x + b_2 y + b_3 z + b_4 t = b, \\
\sigma' \ \tau' &= c_1 x + c_2 y + c_3 z + c_4 t = c, \\
\sigma'' \ \xi'' &= \alpha_1 x + \alpha_2 y + \alpha_3 z + \alpha_4 t = \alpha, \\
\sigma'' \ \eta'' &= \beta_1 x + \beta_2 y + \beta_3 z + \beta_4 t = \beta, \\
\sigma'' \ \tau'' &= \gamma_1 x + \gamma_2 y + \gamma_3 z + \gamma_4 t = \gamma,
\end{aligned} \tag{2}
$$

worin die auftretenden linearen Formen von x, y, z, t zur Abkürzung mit $a, b, c, \alpha, \beta, \gamma$ bezeichnet werden, so daß $a = 0$ usw. Gleichungen von Ebenen sind.

Wir untersuchen nun, wie sich ein Punkt p abbildet, der eine Gerade G durchläuft; sind auf G zwei Punkte $p_1\,(x_1:y_1:z_1:t_1)$ und $p_2\,(x_2:y_2:z_2:t_2)$ angenommen, so lassen sich die homogenen Koordinaten eines beliebigen Punktes $p\,(x:y:z:t)$ mittels der Parameter λ und μ daraus ableiten:

$$\begin{aligned} x &= \lambda\, x_1 + \mu\, x_2, \\ y &= \lambda\, y_1 + \mu\, y_2, \\ z &= \lambda\, z_1 + \mu\, z_2, \\ t &= \lambda\, t_1 + \mu\, t_2. \end{aligned} \tag{3}$$

Die dazugehörigen Bildpunktepaare seien $p_1'\,p_1''$ $(\xi_1':\eta_1':\tau_1';\ \xi_1'':\eta_1'':\tau_1'')$ und $p_2'\,p_2''$ $(\xi_2':\eta_2':\tau_2';\ \xi_2'':\eta_2'':\tau_2'')$. Dann erhält man durch Einsetzen von (3) in (2) z. B.

$$\sigma'\,\xi' = a_1\,(\lambda\, x_1 + \mu\, x_2) + a_2\,(\lambda\, y_1 + \mu\, y_2) + a_3\,(\lambda\, z_1 + \mu\, z_2) +$$
$$+ a_4\,(\lambda\, t_1 + \mu\, t_2) = \lambda\,(a_1\, x_1 + a_2\, y_1 + a_3\, z_1 + a_4\, t_1) + \mu\,(a_1\, x_2 +$$
$$+ a_2\, y_2 + a_3\, z_2 + a_4\, t_2) = \lambda\,\sigma'\,\xi_1' + \mu\,\sigma'\,\xi_2'.$$

Es ergibt sich also für $p'\,p''\,(\xi':\eta':\tau';\ \xi'':\eta'':\tau'')$:

$$\begin{aligned} \xi' &= \lambda\,\xi_1' + \mu\,\xi_2', & \xi'' &= \lambda\,\xi_1'' + \mu\,\xi_2'', \\ \eta' &= \lambda\,\eta_1' + \mu\,\eta_2', & \eta'' &= \lambda\,\eta_1'' + \mu\,\eta_2'', \\ \tau' &= \lambda\,\tau_1' + \mu\,\tau_2', & \tau'' &= \lambda\,\tau_1'' + \mu\,\tau_2''. \end{aligned} \tag{4}$$

Diese Gleichungen besagen, daß p' aus p_1' und p_2', ferner p'' aus p_1'' und p_2'' genau so abgeleitet ist wie der Raumpunkt p aus p_1 und p_2, das heißt, p' beschreibt eine gerade Punktreihe G' und p'' eine solche G'', welche beide zur Punktreihe G projektiv sind. Die Geraden G' und G'' sind die Bilder von G und wir erhalten den für diese Abbildung charakteristischen Satz: bei der Abbildung (1) werden räumliche gerade Punktreihen durch projektive gerade Bildpunktreihen abgebildet. Hiemit ist festgestellt, daß wir es tatsächlich mit einer linearen Abbildung zu tun haben.

Jetzt wollen wir die geometrische Herstellung einer solchen linearen Abbildung aufsuchen. Wir greifen einen Punkt $p'\,(\xi':\eta':\tau')$ in Π heraus und fragen nach allen Raumpunkten p, die den ersten Bildpunkt p' gemeinsam haben. Die ersten drei Gleichungen (2) ergeben:

$$\frac{\xi'}{\tau'} = \frac{a}{c},\ \frac{\eta'}{\tau'} = \frac{b}{c},$$

oder:

$$\tau'\,a - \xi'\,c = 0 \text{ und } \tau'\,b - \eta'\,c = 0. \tag{5}$$

Diese beiden Gleichungen sind solche von Ebenen in den Koordinaten x, y, z, t; es liegen also alle Punkte p von der verlangten Eigenschaft auf einer Geraden S_1, der Schnittgeraden der Ebenen (5). Läßt man weiter p' in Π alle Lagen annehmen, so erhält man durch Änderung von ξ', η', τ' in (5) ∞^2 Gerade S_1. Alle diese S_1 gehen durch einen festen Punkt o_1, welcher der Schnittpunkt der drei Ebenen $a = 0$, $b = 0$, $c = 0$ ist, da diese Werte stets gleichzeitig (5) befriedigen. Wir haben also ein Strahlbündel mit dem Träger o_1 gefunden, das, wie man aus der Form der Gleichungen (5) erkennt, zum Feld der Punkte in Π (als erste Bildpunkte aufgefaßt) projektiv ist. Ganz analog zeigt sich, daß, wenn man einen Punkt p'' in Π als zweiten Bildpunkt auffaßt, dazu Raumpunkte auf einer Geraden S_2 gehören, die stets durch einen Punkt o_2 geht, welcher der Schnittpunkt der Ebenen $\alpha = 0$, $\beta = 0$, $\gamma = 0$ ist; zwischen dem Strahlbündel o_2 und Π als Feld der zweiten Bildpunkte besteht wiederum eine Projektivität. Wir können unsere Abbildung also folgendermaßen erklären: Gegeben sind im Raume zwei Strahlbündel o_1 und o_2 und diese sind auf das Punktfeld Π mittels der Verwandtschaften $o_1 \to \Pi$ und $o_2 \to \Pi$ projektiv bezogen; durch einen beliebigen Raumpunkt p geht ein Strahl S_1 von o_1 und ein Strahl S_2 von o_2. Der S_1 vermöge $o_1 \to \Pi$ zugeordnete Punkt p' ist der erste, der S_2 mittels $o_2 \to \Pi$ zugeordnete Punkt p'' ist der zweite Bildpunkt von p.

Nun läßt sich weiter z. B. die Projektivität $o_1 \to \Pi$ ersetzen, indem man das Bündel o_1 mit einer beliebigen Ebene Π_1 schneidet und zwischen den Schnittpunkten der Strahlen S_1 mit Π_1 und den Punkten von Π eine Kollineation $\Pi_1 \to \Pi$ festlegt. Macht man das noch analog bei o_2, so ist die Abbildung folgendermaßen herstellbar: Gegeben sind zwei Punkte o_1 und o_2, ferner zwei Ebenen Π_1 und Π_2 und dann die Kollineationen $\Pi_1 \to \Pi$ und $\Pi_2 \to \Pi$. Projiziert man nun einen Punkt p von o_1 auf Π_1 und von o_2 auf Π_2, so erhält man aus diesen Projektionen mittels der Kollineationen $\Pi_1 \to \Pi$ und $\Pi_2 \to \Pi$ den ersten bzw. zweiten Bildpunkt von p[1]). Daher bezeichnet man o_1 und o_2 als Augpunkte, die dazu-

[1]) Wenn man von einem Objekt zwei verschiedene photographische Aufnahmen macht, so sind Π_1 und Π_2 die beiden Platten. Legt man sie in eine Ebene, so hat man zwei zusammengehörige lineare Bilder, wobei $\Pi_1 \to \Pi$ und $\Pi_2 \to \Pi$ Kongruenzen sind. Mit der Rekonstruktion eines räumlichen Objektes aus zwei Aufnahmen beschäftigt sich die Photogrammetrie.

gehörigen Bündel als Sehstrahlenbündel, Π_1 und Π_2 spielen die Rolle von Bildebenen. Eine lineare Abbildung erhält man also aus zwei verschiedenen perspektiven Bildern, die irgendwie nach Π kollinear umgeformt werden.

Aus diesen Erklärungen geht hervor, daß im allgemeinen wohl jeder Raumpunkt zwei Bildpunkte hat, daß aber nicht jedes beliebige Punktepaar in Π als Bildpaar aufgefaßt werden kann; vielmehr können dazu nur solche zwei Punkte gebraucht werden, deren zugeordnete Sehstrahlen durch o_1 bzw. o_2 einander schneiden. Die Einschränkung für Bildpunktepaare geht analytisch aus (2) hervor, indem man aus diesen 6 Gleichungen x, y, z, t, σ', σ'' eliminiert. Man erhält so die Bedingung:

$$\begin{vmatrix} a_1 & a_2 & a_3 & a_4 & \xi' & 0 \\ b_1 & b_2 & b_3 & b_4 & \eta' & 0 \\ c_1 & c_2 & c_3 & c_4 & \tau' & 0 \\ \alpha_1 & \alpha_2 & \alpha_3 & \alpha_4 & 0 & \xi'' \\ \beta_1 & \beta_2 & \beta_3 & \beta_4 & 0 & \eta'' \\ \gamma_1 & \gamma_2 & \gamma_3 & \gamma_4 & 0 & \tau'' \end{vmatrix} = 0, \qquad (6)$$

die eine bilineare Gleichung in den Bildpunktkoordinaten ist und deren Bedeutung weiter unten geometrisch hervortreten wird.

Fragen wir nach denjenigen Raumpunkten, deren Bildpunkte nicht getrennt sind, so daß ein solches Paar als ein doppelt überdeckter Punkt zu denken ist, so erfüllen die dazugehörigen Punkte im Raume das sogenannte Koinzidenzgebilde. Seine Gleichungen erhalten wir, indem wir die nichthomogenen Koordinaten von p' und p'' einander gleichsetzen, also:

$$\frac{\xi'}{\tau'} = \frac{\xi''}{\tau''} \text{ und } \frac{\eta'}{\tau'} = \frac{\eta''}{\tau''}.$$

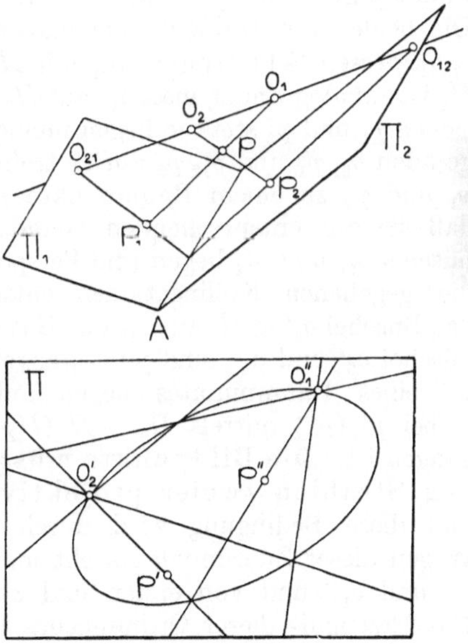

Abb. 1

Nach (2) kommt daher

$$\frac{a}{c} = \frac{\alpha}{\gamma} \text{ und } \frac{b}{c} = \frac{\beta}{\gamma}$$

(7) oder $a\gamma - \alpha c = 0$ und $b\gamma - \beta c = 0$.

Jede der beiden Gleichungen stellt eine Fläche zweiter Ordnung dar. Diese gehen beide durch o_1 (weil $a = 0$, $b = 0$, $c = 0$ gleichzeitig beide Gleichungen befriedigt) und durch o_2. Beide Flächen haben noch eine Gerade gemeinsam, nämlich den Schnitt der Ebenen $c = 0$ und $\gamma = 0$; ihre Schnittkurve ist also eine Raumkurve dritter Ordnung, die durch o_1 und o_2 hindurchgeht, und diese ist das verlangte Koinzidenzgebilde. Da die Punkte dieser Kurve zusammenfallende Bildpunkte haben müssen, so erhält man das (einzige) Bild der Koinzidenzkurve, indem man in (6) $\xi'' = \xi'$, $\eta'' = \eta'$, $\tau'' = \tau'$ setzt; dadurch ergibt sich, wie leicht auszurechnen ist, ein Kegelschnitt.

Auf Grund der bisher gewonnenen Ergebnisse können wir nun die Untersuchung geometrisch leicht fortsetzen. Angenommen sind (Abb. 1) die Augpunkte o_1 und o_2, ferner die Ebenen Π_1 und Π_2, die sich in A schneiden sollen. Weiter denkt man sich die Zeichenebene Π beliebig im Raume angebracht und die Kollineationen $\Pi_1 \rightarrow \Pi$ und $\Pi_2 \rightarrow \Pi$ gegeben. Ein beliebiger Punkt p gibt von o_1 (o_2) auf Π_1 (Π_2) projiziert den Punkt p_1 (p_2). Die beiden Sehstrahlenbündel haben einen gemeinsamen Strahl $o_1 o_2$, dessen Schnittpunkt o_{21} mit Π_1 das Bild von o_2 aus o_1 auf Π_1 ist; analog erhält man o_{12} auf Π_2. Wir sehen, daß die Projektionen p_1 und p_2 stets so liegen müssen, daß sich die Verbindungsgeraden $o_{21} p_1$ und $o_{12} p_2$ auf A treffen. Damit also zwei Punkte p_1 und p_2 zu einem Raumpunkte p gehören können, ist nötig, daß sie auf entsprechenden Geraden der perspektiven Strahlbüschel o_{21} und o_{12} liegen (die Perspektivitätsachse ist A). Durch die gegebenen Kollineationen entsteht aus dem Büschel o_{21}, das Büschel o_2' in Π, aus o_{12} das Büschel o_1''; diese beiden Strahlbüschel o_2' und o_1'' sind jetzt projektiv, und die Bilder p' und p'' eines Raumpunktes liegen auf entsprechenden Strahlen, wobei p' (p'') mittels $\Pi_1 \rightarrow \Pi$ ($\Pi_2 \rightarrow \Pi$) aus p_1 (p_2) hervorgegangen ist. Die Bildpunkte müssen also auf entsprechenden Strahlen zweier projektiver Strahlbüschel liegen und diese Bedingung wird durch Gleichung (6) ausgedrückt. Wegen dieser Zuordnung spricht man von Ordnungsbüscheln o_2' und o_1'' und von ersten und zweiten Ordnungsstrahlen. Das Erzeugnis dieser Ordnungsbüschel ist ein durch o_2' und o_1'' gehender Kegelschnitt, welcher das Bild der durch (7) angegebenen Koinzidenzkurve ist, da nur auf ihm zusammenfallende Bildpunkte auftreten können. Wenn man in der Bildebene arbeitet, so ist es praktisch, die beiden Ordnungsbüschel durch Bewegung in eine perspektive Lage zu bringen, damit man die einander entsprechenden Ordnungsstrahlen, die man stets benötigt, rasch aufsuchen kann. Man kann aber eine solche Lage von vornherein, ohne daß eine Spezialisierung der Abbildung eintritt, erreichen, indem man die Kollineationen $\Pi_1 \to \Pi$ und $\Pi_2 \to \Pi$ durch Zentralkollineationen mit einem gemeinsamen Zentrum o ersetzt. Für diesen Fall kann man sagen: man erhält eine lineare Abbildung, indem man die Raumpunkte von o_1 auf Π_1 und von o_2 auf Π_2 und schließlich die Felder Π_1 und Π_2 aus einem dritten Augpunkte o auf Π projiziert. Die Ordnungsbüschel sind perspektiv mit der Achse $\overline{A}$, die die Projektion von A aus o auf Π ist. Für diesen Fall wollen wir nun die wichtigsten Grundaufgaben behandeln.

Gegeben sind zwei Raumpunkte p und q durch ihre Bildpaare (Abb. 2), die auf entsprechenden (sich in $\overline{A}$ treffenden) Ordnungsstrahlen liegen müssen. Wie wir schon analytisch gesehen haben und nun auch geometrisch klar ist, hat die Verbindungsgerade G von p und q die Bilder G' und G'', welche durch Verbindung der gleichnamigen Bildpunkte erhalten werden. Will man nun zu einem Bildpunkte, z. B. r', eines Punktes der Geraden den zugehörigen finden, so legt man durch r' den ersten Ordnungsstrahl, sucht den entsprechenden zweiten, und dessen Schnitt mit G'' ist r''. Die Verhältnisse auf einer Geraden sind also im allgemeinen durch die Angabe ihrer beiden Bildgeraden (ein orientiertes Geradenpaar) vollständig bestimmt; entsprechende Bildpunkte werden durch die Ordnungsbüschel ausgeschnitten, bilden also projektive Punktreihen, wie bereits auf Seite 7 festgestellt wurde.

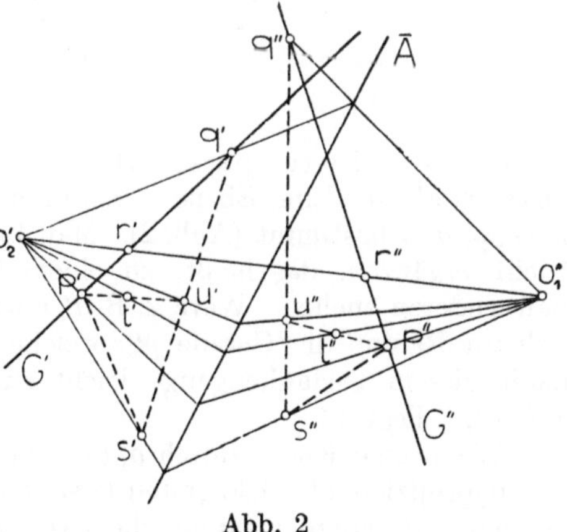

Abb. 2

Wurden z. B. p' und q' auf demselben ersten Ordnungsstrahl angenommen, so liegen natürlich p'' und q'' auf dem dazugehörigen zweiten. Die Gerade $p\,q$ trifft in diesem Falle den gemeinsamen Sehstrahl $o_1\,o_2$ und ihre Punkte bilden sich daher als projektive Bildpunktreihen ab, in denen sich o_2' und o_1'' entsprechen. Geht eine Gerade durch o_1

(o_2), so spricht man von einer erst(zweit)projizierenden Geraden; ihr erstes (zweites) Bild ist dann ein Punkt, das zweite (erste) Bild der dazugehörige zweite (erste) Ordnungsstrahl.

Nimmt man im Raume eine Ebene ε an und betrachtet sie als Punktfeld, so bilden alle ersten Bildpunkte das Feld ε', alle zweiten das Feld ε'' in Π. ε' und ε'' sind kollinear, da sie durch Perspektivitäten aus einem Felde ε hervorgegangen sind. Selbstverständlich muß die Kollineation $\varepsilon' \to \varepsilon''$ so beschaffen sein, daß sich die Ordnungsstrahlen in ihr entsprechen, das heißt alle ersten Ordnungsstrahlen müssen durch $\varepsilon' \to \varepsilon''$ in die dazugehörigen zweiten übergehen, also auch o_2' in o_1''. Die Ebenen bilden sich also auf die ∞^3 Kollineationen in Π ab, in

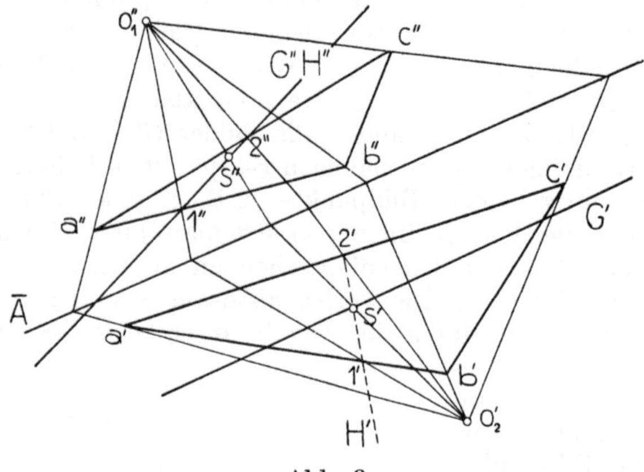

Abb. 3

denen zwei feste, perspektive Strahlbüschel einander entsprechen. Eine Ebene ε ist durch die Bilder dreier Punkte, z. B. p, q, s bestimmt (Abb. 2). Man kann nun die Felder ε', ε'' leicht ergänzen, das heißt, zu einem Punkte des einen Feldes den anderen suchen. Wäre z. B. t' angenommen, so denkt man sich im Raume die Gerade pt, welche qs in u schneidet; u' ist nach diesem Gedankengange leicht zu finden, ebenso u'', und auf $u''p''$ liegt t''.

Wenn eine Ebene durch o_1 (o_2) geht, so nennt man sie erst(zweit)projizierend. Alle ersten (zweiten) Bildpunkte liegen dann auf einer Geraden, während die zweiten (ersten) Bilder beliebig sind (bis auf die Einschränkung durch die Ordnungsbüschel). Diese Verhältnisse lassen sich leicht überblicken, wenn man z. B. in Abb. 2 p', q', s' in einer Geraden annimmt, während die Punkte p'', q'', s'' ein Dreieck bilden.

Jetzt sind wir imstande, innerhalb der linearen Abbildung die **Lagenaufgaben** zu lösen, das heißt diejenigen, in welchen nur das Verbinden und Schneiden der Elemente (Punkt, Gerade, Ebene) gefordert wird. Diese Aufgaben lassen sich auf die folgenden reduzieren:

1. Verbindungsgerade zweier Punkte.
2. Verbindungsebene dreier Punkte.
3. Schnittpunkt zweier Geraden in einer Ebene.
4. Verbindungsebene zweier sich schneidenden Geraden.
5. Schnittpunkt einer Geraden mit einer Ebene.
6. Schnittgerade zweier Ebenen.

Die zu den Aufgaben 1 bis 4 gehörigen Konstruktionen sind schon in den vorangehenden Erklärungen enthalten (Abb. 2). Zur Aufgabe 4 muß nur bemerkt werden, daß sich zwei Gerade dann schneiden, wenn die Schnittpunkte ihrer gleichnamigen Bilder auf entsprechenden Ordnungsstrahlen liegen.

Wir wollen den Schnittpunkt s einer Geraden G mit einer durch die Punkte a, b, c gehenden Ebene ε bestimmen (Abb. 3). Die Bildpunkte s' und s'' müssen also einerseits auf den entsprechenden Bildern von G liegen, anderseits sich in den Bildfeldern von ε entsprechen. Wenn man also z. B. s'' eine Gerade H'' durchlaufen läßt, die mit G'' identisch ist und im Felde ε' die entsprechende Gerade H' (mittels der Punkte 1 und 2) sucht, so gibt schon der Schnittpunkt von G' und H' die gesuchte Lage von s'. Diese Konstruktion kann räumlich so erklärt werden: man legt durch G eine zweitprojizierende Ebene, deren Schnittgerade H mit ε das zweite Bild H'' hat, das mit G'' zusammenfällt. H' wird aus der Erwägung gesucht, daß H in ε liegt. Der Schnittpunkt von G und H ist der gesuchte Punkt s, dessen erstes Bild sich sofort ergibt.

Die weitere Aufgabe, zwei gegebene Ebenen zum Schnitt zu bringen, läßt sich auf die vorangehende zurückführen. Man hat zweimal den Schnittpunkt einer Geraden einer Ebene mit der anderen Ebene aufzusuchen und die gefundenen Punkte zu verbinden.

Die Behandlung der **Maßaufgaben** gestaltet sich in der allgemeinen linearen Abbildung schwieriger als die der Lagenaufgaben, für die ja diese Abbildung ein natürliches Verfahren ist. Unter Maßaufgaben versteht man solche, in denen nebst Lagenbeziehungen noch Strecken und Winkel auftreten. Wenn es sich bloß um Winkel handelt (Normalstehen, Größe eines Winkels, wahre Gestalt einer ebenen Figur usw.), so hat man es vom projektiven Standpunkte aus mit Lagenaufgaben bezüglich des absoluten Kegelschnittes (Kugelkreises) zu tun; es muß also dieser Kegelschnitt durch seine beiden Bilder mitgegeben sein, wenn man solche Aufgaben lösen will. Die Bestimmung der wahren Länge einer Strecke läßt sich im allgemeinen Falle der Abbildung überhaupt nicht durchführen, dazu benötigt man besonderer Festsetzungen über die Abbildung; wohl aber kann man eine Strecke von einer Geraden auf eine andere übertragen, wenn das Absolute gegeben ist. Bezüglich dieser Dinge, die den hier gesteckten Rahmen überschreiten, sehe man im Literaturverzeichnis dieses Abschnittes, insbesondere Nr. 11.

Aus der allgemeinen linearen Abbildung kann man jetzt eine große Anzahl spezieller Verfahren gewinnen, wenn man den drei Augpunkten und Bildebenen besondere Lagen zuweist. Es ist klar, daß dann die Lagenaufgaben in allen Fällen mit denselben Linien gelöst werden können wie im allgemeinsten Falle. Analytisch kommt eine solche Spezialisierung darauf hinaus, daß in den Gleichungen (1) oder (2) den Koeffizienten besondere Werte erteilt werden (vgl. das Beispiel auf S. 4). Einen sehr wichtigen Fall erhält man, wenn man die drei Augpunkte o_1, o_2, o in die unendlich ferne Ebene verlegt; in diesem Falle spricht man von einer allgemeinen Parallelprojektion. Diese Abbildung kann durch drei Gerade P_1, P_2, P (als Sehstrahlrichtungen) und drei Ebenen Π_1, Π_2 und Π festgelegt werden. Eine räumliche gerade Punktreihe G wird parallel zur Richtung P_1 auf Π_1, in der Richtung P_2 auf Π_2 projiziert und schließlich werden diese beiden Bilder parallel zu P auf Π projiziert, wodurch die geraden Punktreihen G' und G'' entstehen. Letztere sind untereinander und zu G ähnlich. Es ist auch sofort einzusehen, daß zwei Parallele im Raum sich so darstellen, daß ihre gleichbezeichneten Bilder zu einander parallel sind. Daraus folgt der Hauptsatz über die Parallelprojektion: parallele Strecken im Raume haben gleichnamige parallele Bildstrecken, deren Längen sich verhalten wie die Raumstrecken selbst. In der Zeichenebene rücken die Punkte o_2' und o_1'' ins Unendliche, so daß die Ordnungsbüschel perspektiv liegende Parallelstrahlbüschel werden. Zum Schlusse wollen wir noch die Abbildungsgleichungen der allgemeinen Parallelprojektion als speziellen Fall der Gleichungen (1) in rechtwinkligen Punktkoordinaten anschreiben:

$$\begin{aligned} \xi' &= a_1 x + a_2 y + a_3 z + a_4 \\ \eta' &= b_1 x + b_2 y + b_3 z + b_4 \\ \xi'' &= \alpha_1 x + \alpha_2 y + \alpha_3 z + \alpha_4 \\ \eta'' &= \beta_1 x + \beta_2 y + \beta_3 z + \beta_4 \end{aligned} \tag{8}$$

Literatur:

1. Hauck, G.: Neue Konstruktionen der Perspektive und Photogrammetrie, J. f. r. u. ang. Math. 95 (1883).

2. Burmester, L.: Grundlehren der Theaterperspektive, Allg. Bauzeitg. 1884.

3. Hauck, G.: Theorie der trilinearen Verwandtschaft ebener Systeme, J. f. r. u. ang. Math. 97 (1884), 98 (1885), 108 (1891), 111 (1893), 128 (1905).

4. Hauck, G.: Über die konstruktiven Postulate der Raumgeometrie in ihrer Beziehung zu den Methoden der darstellenden Geometrie, in W. Dycks Katalog math. Modelle, München 1892.

5. Schmid, Th.: Über das Koinzidenzproblem, Monatsh. Math. Phys. 4 (1893).

6. Schmid, Th.: Über trilinear verwandte Felder als Raumbilder, Monatsh. Math. Phys. 6 (1895), 7 (1896).

7. Finsterwalder, S.: Die geometrischen Grundlagen der Photogrammetrie, Jhrsb. d. Math. Ver. 6 (1899).

8. Kruppa, E.: Über einige Orientierungsprobleme der Photogrammetrie, Sitzber. Ak. Wien 121 (1912).

9. Kruppa, E.: Zur Ermittlung eines Objektes aus zwei Perspektiven mit innerer Orientierung, Sitzber. Ak. Wien 122 (1913).

10. Schmid, Th.: Besprechung zweier Abhandlungen über Orientierungsprobleme der Photogrammetrie, Intern. Archiv f. Photogrammetrie 1913.

11. **Müller, E.:** Vorlesungen über darstellende Geometrie, Bd. I: Die linearen Abbildungen, bearb. v. E. Kruppa, Leipzig-Wien 1923.

3. Sonderfälle des Zweibilderverfahrens

Alle gebräuchlichen Abbildungen, die sich des Zweibilderprinzips bedienen, und die den größten Teil dessen ausmachen, was man gewöhnlich unter darstellender Geometrie versteht, lassen sich als ganz besondere Fälle der allgemeinen linearen Abbildung betrachten.

1. Wir denken uns Π_2 als vertikale Ebene im Raume zugleich mit Π vereinigt, Π_1 als horizontale Ebene. o_1 ist der uneigentliche Punkt der Normalenrichtung von Π_1, o_2 der analoge Punkt für Π_2. Wenn wir nun o ebenfalls unendlich fern in einer Richtung wählen, die sowohl mit Π_1 als auch mit Π_2 einen Winkel von 45^0 einschließt, so erhält man das bekannte Grund- und Aufrißverfahren (Abb. 4). p'' ist der Aufriß, p' der Grundriß eines Punktes p, wobei von der gewöhnlichen Erklärung des

Grundrisses insofern abgewichen ist, als man die Umklappung von Π_1 nach Π durch die gleichwertige Parallelprojektion aus o ersetzt.

2. Bei derselben Anordnung für Π_1, Π_2 und Π soll o_1 wieder der uneigentliche Punkt der Normalenrichtung von Π_1, o_2 dagegen ein im Endlichen gelegener beliebiger Punkt sein, der mit o zusammenfällt (Abb. 5). Es ergibt sich das Zentral- und Zentralgrundrißverfahren, p'' ist die Zentralprojektion, p' der sogenannte Zentralgrundriß.

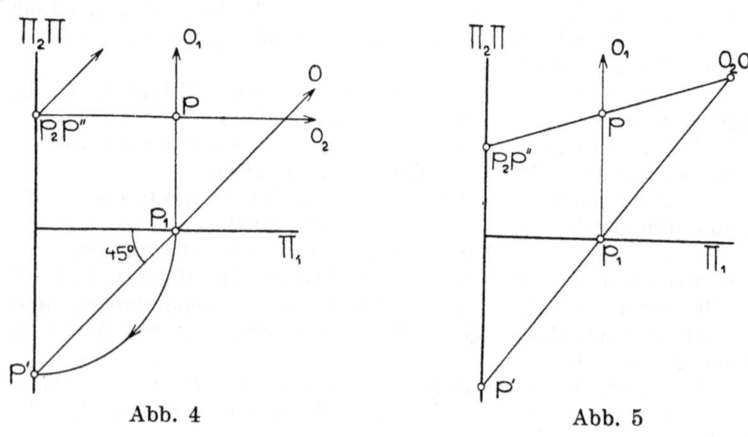

Abb. 4 Abb. 5

3. Bei ganz genau derselben Annahme wie vorher, nur $o_2 = o$ ins Unendliche gerückt, erhält man das Schräg- und Schräggrundrißverfahren. p'' ist der Schrägriß (schiefe Parallelprojektion), p' der Schräggrundriß.

4. In sehr vielen Fällen denkt man sich das räumliche Objekt mit einem rechtwinkligen Achsenkreuz verbunden, eine Orthogonalprojektion auf eine der Koordinatenebenen hergestellt und dann das Objekt samt dieser orthogonalen Projektion nach Π projiziert. $\Pi_2 = \Pi$ denkt man sich wieder vertikal, Π_1 als eine Koordinatenebene beliebig im Raume liegend (Abb. 6). o_1 ist wieder der uneigentliche Punkt der Normalen auf Π_1, $o_2 = o$ ein beliebiger uneigentlicher Punkt. Das gibt die schiefe Axonometrie, p'' wird als ax. Bild (Hauptbild) bezeichnet, p' als axonometrischer Grundriß.

5. Macht man die Richtung nach o nicht beliebig, sondern normal zu Π und läßt alles andere unverändert, so gelangt man zur normalen Axonometrie.

6. Läßt man die drei Ebenen Π_1, Π_2, Π in eine zusammenfallen und nimmt man o_1 und o_2 auf einer Parallelen zu Π an (Abb. 7), so ist die Lage von o gleichgültig. Man erhält die **stereoskopische Abbildung**, welche zwei Bilder liefert, wie sie beim Sehen mit zwei Augen wahrgenommen werden. Richtet man dieses Verfahren so ein, daß bei entsprechender Lage der Bildebene die menschlichen Augen nach o_1 und o_2 gebracht werden können und betrachtet man jedes der beiden Bilder nur mit dem dazugehörigen Auge, so gibt der gleichzeitige Eindruck eine körperliche Anschauung des Objektes (Stereoskope, Anaglyphen).

7. Fallen wiederum Π_1, Π_2 und Π zusammen, nimmt man o_1 unendlich weit auf der Normalen von Π, o_2 aber beliebig im

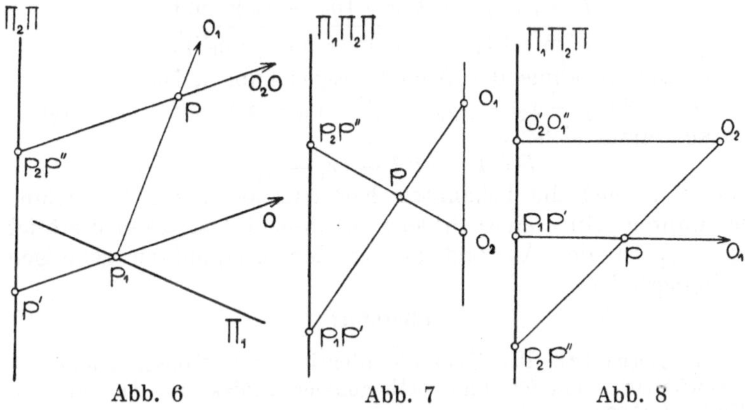

Abb. 6 Abb. 7 Abb. 8

Endlichen an (o ist dann überflüssig), so erhält man die weniger gebräuchliche sogenannte **Distanzmethode der Perspektive** (Abb. 8), bei der man leicht aus p' und p'' die Distanz des Punktes p von Π ermitteln kann.

In allen diesen Fällen sind die zwei Ordnungsbüschel identisch, bei 1 bis 6 sind sie Parallelstrahlenbüschel, im Falle 7 ergibt sich ein gewöhnliches Strahlbüschel mit dem Träger $o_2' = o_1''$. Wie schon hervorgehoben, ist die Lösung der Lagenaufgaben in allen diesen Projektionsarten mit genau den gleichen Linien durchzuführen. Die Maßaufgaben erfordern in jedem Falle eine besondere Behandlung. Die Aufstellung der zu diesen Abbildungen gehörigen Gleichungen bietet keine Schwierigkeiten, wir wollen dies nur für den einfachsten Fall 1 tun.

Wir legen das räumliche, rechtwinklige Koordinatensystem (x, y, z) so, daß die xy-Ebene mit Π_1, die xz-Ebene mit Π_2 zusammenfällt. Gleichzeitig machen wir die x- zur ξ-Achse, die z- zur η-Achse eines Systems (ξ, η) in Π. Dann lauten die Gleichungen:

$$\xi' = x \qquad \xi'' = x$$
$$\eta' = -y \qquad \eta'' = z.$$

Die Einschränkung für die Lage der Bildpunkte ist hier einfach durch $\xi' = \xi''$ festgelegt. Das Koinzidenzgebilde hat daher die Gleichung $y + z = 0$, ist also die bekannte Ebene. Die Entfernung l zweier Punkte $p_1 (x_1, y_1, z_1)$ und $p_2 (x_2, y_2, z_2)$ wird ausgedrückt durch:

$$l = \sqrt{(x_1 - x_2)^2 + (y_1 - y_2)^2 + (z_1 - z_2)^2}.$$

Sind l' und l'' die Längen der beiden Bildstrecken, so ist

$$l' = \sqrt{(\xi_1' - \xi_2')^2 + (\eta_1' - \eta_2')^2} \text{ und}$$
$$l'' = \sqrt{(\xi_1'' - \xi_2'')^2 + (\eta_1'' - \eta_2'')^2}.$$

Unter Zuhilfenahme der Abbildungsgleichungen ist

$$l'^2 + l''^2 = 2(x_1 - x_2)^2 + (y_2 - y_1)^2 + (z_1 - z_2)^2 = l^2 + (x_1 - x_2)^2.$$

Daraus ergibt sich:

$$l^2 = l'^2 + l''^2 - (x_1 - x_2)^2,$$

welche Formel die bekannten Konstruktionen zur Ermittlung der wahren Länge einer Strecke aus ihren Bildstrecken bestätigt ($x_1 - x_2$ ist der Abstand der zu den Endpunkten gehörigen Ordnungslinien).

Literatur:

1. Staudigl, R.: Über die Identität von Konstruktionen in perspektiver, schiefer und orthogonaler Projektion, Sitzber. Ak. Wien 64 (1871).

2. Enzyklopädie d. math. Wissensch. III A B 6, Papperitz, E.: Darstellende Geometrie.

3. Müller, E.: Lehrbuch der darstellenden Geometrie für technische Hochschulen, Leipzig-Berlin, 3. Aufl., 1. Bd. 1920, 2. Bd. 1923.

4. Schmid, Th.: Darstellende Geometrie, Leipzig-Berlin, 1. Bd. 3. Aufl. 1922, 2. Bd. 2. Aufl. 1923 (Sammlung, Schubert 65 u. 66).

4. Eine darstellende Geometrie des vierdimensionalen Punktraumes

Wenn man eine m-dimensionale Mannigfaltigkeit M_m irgendwelcher Raumelemente gegeben hat, so läßt sich jedes Element durch m Koordinaten festlegen und durch k Gleichungen zwischen ihnen wird eine $(m-k)$-dimensionale Mannigfaltigkeit M_{m-k} aus

M_m herausgehoben. So kann man jedem Element einer M_3 (z. B. Ebenen des Raumes, Kreise auf einer Kugel, Linienelemente in der Ebene usw.) stets drei Zahlen so zuordnen, daß es durch die Annahme dieser Koordinaten vollständig bestimmt ist; man kann nun M_3 auf den gewöhnlichen Punktraum R_3 in einfacher Weise abbilden, indem man jedem Element von M_3 denjenigen Punkt in R_3 zuordnet, dessen Koordinaten bezüglich eines rechtwinkligen Koordinatensystems gleich den Koordinaten des Elementes sind. Eine solche Abbildung $M_3 \rightarrow R_3$ ist natürlich bei jeder M_3 möglich und es ergeben sich aus bekannten Sätzen für den R_3 neue Sätze für M_3. Auf diese Art können alle irgendwie möglichen dreidimensionalen Mannigfaltigkeiten unter einem einheitlichen Gesichtspunkte betrachtet werden.

Hat man es allgemein mit einer M_m zu tun, so verfährt man analog, indem man sich jedes mögliche Wertsystem der m Koordinaten einem „Punkte" eines m-dimensionalen Punktraumes R_m zugeordnet denkt. Es ist nunmehr also nötig, die Geometrie in diesem R_m zu kennen, wenn man ein einheitliches Prinzip für die Behandlung aller M_m haben will. Die Schaffung eines R_m kann auf analytischem, wie auch auf synthetischem Wege vorgenommen werden. Analytisch ist es so, daß m geordnete Zahlen als „Punkt" bezeichnet werden, die Zahlen sind seine Koordinaten. Eine Anzahl k von l i n e a r e n Gleichungen zwischen ihnen sieht man als die Gleichungen eines R_{m-k} an, so daß der „Punkt", der ja durch m lineare Gleichungen bestimmt ist, als R_0 bezeichnet werden muß. Auf diese Art sind die definierten Begriffe R_0, R_1, $R_2 \ldots R_{m-1}$ bequeme Ausdrücke für das Bestehen einer bestimmten Anzahl linearer Gleichungen und es lassen sich die Beziehungen der verschiedenen Gleichungssysteme untereinander unter Zuhilfenahme der Sprache der Geometrie als Beziehungen der R_i untereinander in einer handlichen Form ausdrücken. Eine solche „m-dimensionale Geometrie" ist also in erster Linie eine in geometrischer Form ausgesprochene Theorie der linearen Gleichungssysteme mit m Variablen, die dann auch ihre Erweiterung auf nichtlineare Gleichungen findet.

Rein geometrisch kann man die Erzeugung höherer Räume R_m auf folgendem Wege vornehmen. Man geht von einer Geraden (R_1) aus und nimmt außerhalb einen Punkt (R_0) an. Verbindet man den Punkt mit allen Punkten der Geraden wieder durch Gerade (eine solche Möglichkeit muß axiomatisch festgelegt sein), so erfüllen alle diese neuen Geraden eine Ebene (R_2). Nimmt man zu R_2 einen Punkt außerhalb an, so erfüllen alle Verbindungsgeraden des Punktes mit allen Punkten von R_2 einen R_3. Bis hieher ist dieses Verfahren durch die Anschauung gestützt. Setzt man es in der Weise fort, daß man die Existenz eines Punktes außerhalb R_3 fordert und diesen Punkt mit allen Punkten des R_3 durch Gerade verbindet, so bezeichnet man den Raum, den diese Geraden erfüllen, als einen R_4, und so kann man zu Räumen beliebiger Dimensionszahl aufsteigen. Es ist zu beachten, daß der Aufbau dieser Räume rein logisch unter Zugrundelegung geometrischer Begriffe geschieht und eigentlich nicht mehr mit der Anschauung erfaßt werden kann, wenn auch die Handhabung dieser Geometrie durch Analogieschlüsse aus dem Erfahrungsbereich des R_3 bedeutend unterstützt wird.

Was die darstellende Geometrie der mehrdimensionalen Räume (oder Mannigfaltigkeiten) anlangt, so ist eine solche schon gegeben, wenn ein R_m auf irgend eine ebene m-dimensionale Mannigfaltigkeit abgebildet ist, vorausgesetzt, daß in der Ebene damit konstruiert werden kann. Gewöhnlich bildet man die Punkte des R_m auf Punktgruppen in Π ab, wobei man zur Definition linearer Abbildungen analog gebaute Gleichungen wie (1) auf S. 6 benutzt. Wir wollen uns in der Folge die Grundzüge einer Geometrie des R_4 zurechtlegen und dann seine Punkte auf orientierte Punktepaare in der Zeichenebene abbilden, ein Verfahren, das als Erweiterung des Grund- und Aufrißverfahrens des R_3 angesehen werden kann.

Wir denken uns einen „Punkt" des R_4 repräsentiert durch das Wertesystem[1] x, y, z, t. Unterwirft man diese (nichthomogenen) Koordinaten einer linearen Bedingung

$$(1) \qquad a\,x + b\,y + c\,z + d\,t + 1 = 0,$$

so nennen wir die Gesamtheit aller Punkte, die dieser Gleichung gehorchen, einen (dreidimensionalen) „Raum" R_3, und (1) ist seine Gleichung. Es gibt ∞^4 R_3, da (1) von vier wesentlichen Koeffizienten abhängt. Zwei Gleichungen von der Form (1) bestimmen eine „Ebene" R_2, drei Gleichungen eine „Gerade" R_1 und vier Gleichungen einen „Punkt" R_0. Die „Elemente" R_0, R_1, R_2, R_3 sind also vorderhand rein analytisch definiert, wenn

[1]) Sind x, y, z als rechtwinklige Koordinaten eines Punktes im R_3 gedeutet und bedeutet t die Zeit, zu der der Punkt die Lage x, y, z einnimmt, so ist sein Bewegungszustand durch die vier Koordinaten x, y, z, t vollständig bestimmt. Faßt man x, y, z, t als Punktkoordinaten im R_4 auf, so gelangt man zu der Minkowski-Einsteinschen „Welt". Die Annahme eines Punktes dieses R_4 charakterisiert vollständig Lage und dazugehörige Zeit eines Punktes des R_3.

sich ihnen auch, wie sich zeigen wird, ein geometrischer Sinn unterlegen läßt.

Man erkennt sofort, daß ein R_3 durch vier R_0 gegeben ist (im allgemeinen), denn die Koeffizienten von (1) sind berechenbar, wenn vier Wertequadrupel x, y, z, t gegeben sind. Analog ist ein R_2 durch drei, ein R_1 durch zwei Punkte allgemeiner Lage bestimmt. Dabei bedeutet z. B. die allgemeine Lage von vier Punkten, daß sie nicht schon in einem R_2 oder R_1 liegen. Zwei R_3 bestimmen einen R_2, der die gemeinsamen Punkte beider R_3 enthält, da zwei Gleichungen (1) definitionsgemäß zu einem R_2 gehören; wir sagen: zwei R_3 „schneiden" sich nach einem R_2. Drei R_3 haben einen R_1 gemeinsam, sie „schneiden" sich in einem R_1, vier R_3 haben einen gemeinsamen R_0. Ein R_1 schneidet einen R_3 in einem R_0 (es tritt zu den drei Gleichungen eines R_1 noch die Gleichung des R_3 hinzu), ein R_1 und ein R_2 schneiden sich im allgemeinen nicht, ebenso nicht zwei R_1. Durch einen R_2 und einen darin nicht enthaltenen (außerhalb gelegenen) R_0 geht ein einziger R_3, das heißt es gibt einen R_3, der den gegebenen R_2 und R_0 enthält. Ebenso ist durch zwei R_1, die sich nicht schneiden, ein R_3 legbar. Zwei R_2 schneiden sich in einem R_0. Ein R_0 und ein R_1 bestimmen einen R_2. Ein R_2 und ein R_3 schneiden sich nach einem R_1. Man erhält so mit Hilfe dieser Sätze eine „Lagengeometrie" des R_4, insbesondere werden die Sätze über die Elemente R_0, R_1, R_2 in einem R_3 identisch mit denen der projektiven Geometrie des gewöhnlichen Raumes. Man erkennt auch, daß sich die Lagensätze im R_4 nach einem Prinzip der Dualität paarweise gegenüberstellen lassen; es sind folgende Elementepaare hiebei zu vertauschen: R_0 und R_3, R_1 und R_2, ferner die Operationen „Verbinden" und „Schneiden".

Zwei Elemente nennt man inzident, wenn sie ein Element höherer Dimension gemeinsam haben, als ihnen im allgemeinen zukommt. Inzident sind also: R_0 und R_1, wenn R_0 auf R_1 liegt; R_0 und R_2 ,wenn R_0 auf R_2 liegt; R_0 und R_3, wenn R_0 in R_3 liegt; zwei R_1, wenn sie einen R_0 gemeinsam haben; R_1 und R_2, wenn sie sich in einem R_0 treffen; R_1 und R_3, wenn R_1 ganz in R_3 liegt; zwei R_2, wenn sie sich nach einem R_1 schneiden; R_2 und R_3, wenn R_2 ganz in R_3 liegt.

Ein Beispiel für einen lagengeometrischen Satz wollen wir noch anführen, wobei wir von nun an statt der Zeichen $R_0 \ldots R_3$ die dazugehörigen geometrischen Benennungen benützen wollen. Drei Ebenen ε_1, ε_2, ε_3 sind im allgemeinen inzident zu einer einzigen Ebene ε; wenn p_{12} den Schnittpunkt von ε_1 und ε_2 bedeutet, ferner p_{23} und p_{31} die analogen Bedeutungen haben, so ist ε die

Verbindungsebene dieser drei Punkte. Denn da p_{12} und p_{23} in ε liegen, beide aber auch der Ebene ε_2 angehören, so müssen sich ε und ε_2 nach einer Geraden schneiden usw. Der duale Satz ist leicht auszusprechen: drei allgemein liegende Gerade werden von einer einzigen Geraden geschnitten.

Man kann nun im R_4 einen Raum Ω auszeichnen und ihn im projektiven Sinne als „unendlichfernen" R_3 bezeichnen. Analog wie in der Geometrie des gewöhnlichen Raumes wollen wir Ω diejenigen Punkte zuweisen, bei denen mindestens eine der Koordinaten x, y, z, t unendlich groß wird. Zur analytischen Behandlung führen wir die homogenen Punktkoordinaten $\xi:\eta:$ $:\zeta:\tau:\sigma$ ein, die durch

$$x = \frac{\xi}{\sigma}, \; y = \frac{\eta}{\sigma}, \; z = \frac{\zeta}{\sigma}, \; t = \frac{\tau}{\sigma}$$

zu definieren sind. Dann lautet die Gleichung von $\Omega: \sigma = 0$. Den Schnitt eines Elementes mit Ω bezeichnen wir als sein uneigentliches Element: eine Gerade hat also einen uneigentlichen Punkt, eine Ebene eine uneigentliche Gerade, ein Raum eine uneigentliche Ebene. Zwei Räume heißen nun parallel, wenn sie dieselbe uneigentliche Ebene, zwei Gerade sind parallel, wenn sie denselben uneigentlichen Punkt besitzen. Eine Gerade ist zu einer Ebene oder zu einem Raume parallel, wenn ihr uneigentlicher Punkt auf dem betreffenden uneigentlichen Element liegt. Eine Ebene und ein Raum sind parallel, wenn ihre uneigentlichen Elemente inzident sind. Bei zwei Ebenen muß man jedoch zwei Arten von Parallelismus unterscheiden, je nachdem ihre uneigentlichen Geraden zusammenfallen oder sich bloß schneiden; im ersten Falle sagt man, daß sie vollständig parallel, im zweiten Falle, daß sie teilweise oder halbparallel sind.

Projizieren und Schneiden. Wenn man im R_4 einen Raum Δ annimmt und einen außerhalb gelegenen Punkt o, so kann man jeden Punkt p des R_4 auf Δ aus o „projizieren", indem man o mit p verbindet und diesen „Sehstrahl" mit Δ zum Schnitt bringt. Will man jedoch die Punkte des R_4 auf eine Ebene ε projizieren, so muß man als „Auge" eine Gerade A außerhalb ε annehmen; man findet dann die Projektion von p auf ε, wenn man durch A und p eine Ebene legt und sie mit ε zum Schnitt bringt, so daß also ein Punkt in ε entsteht. Diese Projektion aus einem eindimensionalen Auge ist für eine darstellende Geometrie am besten geeignet, weil sie die Raumpunkte auf die Punkte einer Ebene abbildet. Diese Abbildung ist natürlich linear; denn durchläuft p eine Gerade G, so erfüllen alle „Sehebenen" einen Raum, der durch A und G bestimmt ist; sein Schnitt mit ε ist also eine Gerade G', welche als Projektion von G aus A auf ε anzusprechen ist.

Metrik im R_4. Wir gehen hiebei von der „Entfernung" zweier Punkte aus, die wir auch analytisch definieren wollen. Sollen $p\,(x, y, z, t)$ und $p_0\,(x_0, y_0, z_0, t_0)$ die Entfernung l haben, so sei diese durch den folgenden, der gewöhnlichen analytischen Geometrie nachgebildeten Ausdruck gegeben:

$$l = \overline{p\,p_0} = \sqrt{(x - x_0)^2 + (y - y_0)^2 + (z - z_0)^2 + (t - t_0)^2}. \quad (2)$$

Diese Formel ergibt, daß ein im Endlichen gelegener Punkt (mit endlichen Koordinaten) von einem Punkt in Ω die Entfernung ∞ hat, so daß wir also berechtigt sind, vom „unendlich fernen Raum" Ω zu sprechen. Alle Punkte p, die von einem festen Punkte p_0 den konstanten Abstand l haben, genügen nach (2) der Gleichung:

$$(x - x_0)^2 + (y - y_0)^2 + (z - z_0)^2 + (t - t_0)^2 = l^2. \quad (3)$$

Damit ist eine dreidimensionale Punktmannigfaltigkeit bestimmt, die quadratisch ist. Wir bezeichnen sie als „Sphäre", p_0 als ihren Mittelpunkt, l als ihren Radius. In homogenen Koordinaten lautet die Gleichung (3):

$$(\xi - \sigma\,x_0)^2 + (\eta - \sigma\,y_0)^2 + (\zeta - \sigma\,z_0)^2 + (\tau - \sigma\,t_0)^2 = l^2\,\sigma^2.$$

Der Schnitt einer solchen Sphäre mit Ω hat die Gleichungen:

$$\begin{aligned} \sigma &= 0, \\ \xi^2 + \eta^2 + \zeta^2 + \tau^2 &= 0. \end{aligned} \quad (4)$$

Dieses Gebilde (4) ist also von p_0 und l unabhängig, alle Sphären haben daher denselben Schnitt mit Ω. Dieser ist zweidimensional und enthält keine reellen Punkte und soll als „absolute Kugel" bezeichnet werden, da wir später sehen werden, daß eine Sphäre von einem Raume nach einer gewöhnlichen Kugel geschnitten wird. Dieser absoluten Kugel weisen wir nun dieselbe Rolle im R_4 zu, wie sie der absolute Kegelschnitt im R_3 innehat, das heißt, wir wollen die „Winkel", die zwei Elemente des R_4 miteinander bilden, durch projektive Beziehungen ihrer uneigentlichen Elemente bezüglich der absoluten Kugel definieren. Hier sollen jedoch nur die wichtigsten Definitionen für das Normalstehen gegeben werden. Zwei Gerade bezeichnet man als zueinander „normal", wenn ihre unendlich fernen Punkte bezüglich der absoluten Kugel konjugiert sind (das heißt, jeder liegt in der Polarebene des andern). Eine Gerade und ein Raum stehen aufeinander normal, wenn ihre uneigentlichen Elemente Pol und Polarebene bezüglich der absoluten Kugel sind. Daraus folgt, daß, wenn eine Gerade auf einem Raum normal steht, sie mit allen im Raume enthaltenen Geraden einen rechten Winkel bildet.

Bisher haben wir die Geometrie des R_4 rein logisch aufgefaßt und die gewonnenen Sätze sind Ausdrücke für Beziehungen in den vier Koordinaten x, y, z, t, ohne daß man mit diesen Zahlen eine anschauliche Bedeutung zu verknüpfen braucht. Wir betrachten nun einen R_3, dessen Gleichung $t = 0$ (oder $\tau = 0$) ist und bezeichnen diesen besonderen Raum mit $\mathfrak{R}_3$. In diesem $\mathfrak{R}_3$ wird die ganze bisherige Geometrie zur bekannten dreidimensionalen Geometrie mit den Koordinaten x, y, z, die vorderhand ebenfalls nur einen logischen Sinn hat. Denken wir uns aber $\mathfrak{R}_3$ als den Raum unserer sinnlichen Wahrnehmung (wo wir uns selbst befinden), indem wir x, y, z zu Punktkoordinaten bezüglich eines rechtwinkligen Achsensystems machen, so gewinnen dadurch die im $\mathfrak{R}_3$ enthaltenen Elemente R_2, R_1, R_0 eine anschaulich-geometrische Bedeutung. Das Wertetripel x, y, z wird nun durch einen wirklichen Punkt repräsentiert. Es ist ferner ein R_2 im $\mathfrak{R}_3$ durch eine lineare Gleichung zwischen x, y, z und durch $t = 0$ gegeben, wir sehen also in diesem R_2 nach unseren Festsetzungen einen Punktort, der in unserem Koordinatensystem (x, y, z) eine Gleichung besitzt und daher eine wirkliche Ebene ist. Ebenso ist leicht einzusehen, daß ein R_1 in unserem $\mathfrak{R}_3$ eine wirkliche Gerade ist.

Wir können uns jetzt den R_4 auf unserem $\mathfrak{R}_3$ aufbauen und uns auch unter den Elementen R_0, R_1, R_2 allgemein dasselbe vorstellen wie im $\mathfrak{R}_3$, wenn wir auch die Struktur des R_4 nicht anschaulich, sondern nur logisch erfassen können. Im $\mathfrak{R}_3$ nehmen wir drei aufeinander normale Achsen X, Y, Z an, die durch einen Punkt o gehen. Denken wir uns den $\mathfrak{R}_3$ im R_4 eingebettet, so sollen die Gleichungen der Geraden X, Y, Z als Geraden des R_4 lauten:

$$X: y = z = t = 0,$$
$$Y: x = z = t = 0,$$
$$Z: x = y = t = 0.$$

Eine einfache Überlegung zeigt, daß diese so im R_4 definierten Geraden auch die Bedingung des Normalstehens erfüllen. Es läßt sich nun eine vierte Gerade T finden, die durch o geht und auf allen drei Geraden X, Y, Z normal steht; nach den bisherigen Überlegungen ist T die Normale auf dem Raum $\mathfrak{R}_3$ im Punkte o; ihre Gleichungen sind:

$$T: x = y = z = 0.$$

Jetzt läßt sich auch die geometrische Bedeutung der Koordinaten eines Punktes $p\ (x, y, z, t)$ angeben. Durch Y, Z, T

läßt sich ein R_3 legen; zieht man zu ihm durch p den parallelen Raum und sucht dessen Schnittpunkt mit X, so ist die Entfernung dieses Punktes von o gerade x. Analog ist es mit den anderen Achsen; wir haben durch die Annahme von X, Y, Z, T ein rechtwinkliges Koordinatensystem des R_4 vor uns, x, y, z, t sind rechtwinklige Punktkoordinaten. Man hat sich zur Ermittlung eines Punktes p aus seinen Koordinaten die Achsen X, Y, Z, T als Zahlenlinien mit dem gemeinsamen Nullpunkt o vorzustellen, und hat auf denselben Punkte mit den gegebenen Koordinaten anzunehmen; legt man durch jeden Punkt auf einer Achse den zu den drei anderen Achsen parallelen Raum, so schneiden sich diese vier Räume in p.

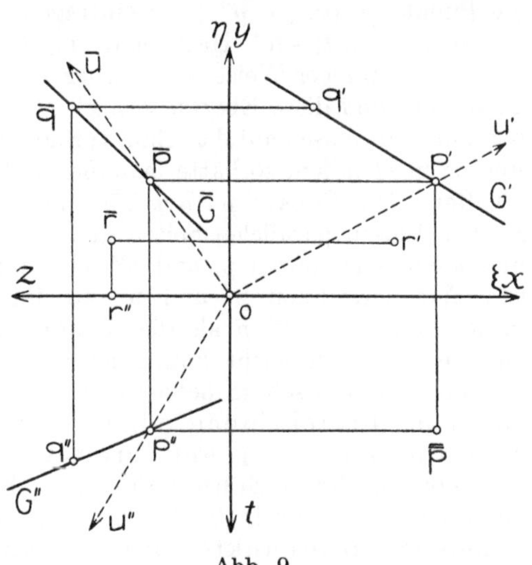

Abb. 9

Nach diesen Vorbereitungen wollen wir nun zu einer darstellenden Geometrie des R_4 übergehen. Wir nehmen das rechtwinklige System X, Y, Z, T an, wobei X, Y, Z unserem $\mathfrak{R}_3$ angehören sollen. Im $\mathfrak{R}_3$ sei weiter eine Bildebene Π, in welcher sich ein rechtwinkliges Koordinatensystem (ξ, η) befindet. Ein Punkt $p\ (x, y, z, t)$ sei nun auf zwei Punkte $p'\ (\xi', \eta')$ und $p''\ (\xi'', \eta'')$ auf folgende Art abgebildet:

$$\xi' = x \qquad \xi'' = -z,$$
$$\eta' = y \qquad \eta'' = -t.$$

Jetzt unterliegen die Bildpunkte keinerlei Beschränkung, es sind ja die Punkte des R_4 auf die Punktepaare in Π, also auf eine vierdimensionale Mannigfaltigkeit abgebildet. Wir wollen im R_4 die xy-Ebene mit Π_1, ihre unendlich ferne Gerade mit P_2, ferner die zt-Ebene mit Π_2 und deren uneigentliche Gerade mit P_1 bezeichnen. Die Projektion von p aus P_1 (P_2) auf Π_1 (Π_2) sei mit p_1 (p_2) bezeichnet; diese beiden Projektionen haben die Koordinaten: $p_1\ (x, y, 0, 0)$, $p_2\ (0, 0, z, t)$. Denkt man sich nun

Π_1 auf Π gelegt, so daß x mit ξ, y mit η zusammenfällt, so kommt p_1 nach p'; legt man weiter Π_2 nach Π so, daß z mit $-\xi$ und t mit $-\eta$ zusammenfällt, so kommt p_2 nach p'' (Abb. 9). Damit wäre die geometrische Bedeutung der Abbildungsgleichungen dargelegt, die man aber noch vereinfachen kann, wenn man Π_1 selbst als die Bildebene Π ansieht, denn dann wird p_1 mit p' identisch. Wir haben daher in Π ein rechtwinkliges (x, y)-System anzunehmen und die negative x-Achse gleichzeitig als z-Achse, die negative y-Achse als t-Achse zu betrachten, und können dann in diesen beiden aufeinandergelagerten Systemen sofort die Punkte p' (x, y), p'' (z, t) eintragen, welche die Bildpunkte von p (x, y, z, t) sind. Hätte man im R_4 noch die Projektionen von p in analoger Weise wie vorher auf die yz- und tx-Ebene aufgesucht und diese Ebenen so nach Π verlegt, daß die in ihnen befindlichen Achsen auf die schon vorhandenen gleichbezeichneten Achsen in Π fallen, so hätte man die Punkte $\overline{p}$ (y, z) und $\overline{\overline{p}}$ (t, x) erhalten. Die Punkte $p', \overline{p}, p'', \overline{\overline{p}}$ bilden nun ein Rechteck mit zu den Achsen parallelen Seiten und es ist klar, daß ein Raumpunkt entweder durch p' und p'' oder durch $\overline{p}$ und $\overline{\overline{p}}$ bestimmt ist. Wir bezeichnen p' und p'' als Hauptbilder oder kurz Bilder von p, $\overline{p}$ und $\overline{\overline{p}}$ als die Nebenbilder; ein Bildpaar ist aus dem andern leicht konstruierbar. Unsere Abbildung läßt sich nun geometrisch so beschreiben: man sucht die (orthogonalen) Projektionen eines Punktes auf die vier Koordinatenebenen und breitet diese in Π so aus, daß sie an ihren Schnittgeraden (Koordinatenachsen) zusammenhängend bleiben; von den vier so entstandenen Bildpunkten greift man zwei voneinander unabhängige als Hauptbildpunkte heraus. Im folgenden werden wir mit p' und p'' arbeiten (erster und zweiter Bildpunkt), nötigenfalls auch einen Nebenbildpunkt heranziehen. Die zu den Achsen parallelen Geraden in Π bezeichnen wir als Ordnungslinien. Bei der analytischen Behandlung brauchen wir nach der festgelegten Bezeichnung der Achsen (Abb. 9) nicht mehr ξ und η, sondern wir können direkt mit x, y, z, t rechnen.

Nimmt man zwei Punkte p und q durch die Bilder p', p'' und q', q'' an, so ist durch sie eine Gerade G legbar, deren Bilder G', G'' durch Verbinden der gleichnamigen Punktbilder erhalten werden; das Nebenbild $\overline{G}$ ist ebenfalls eine Gerade, die einfach zu konstruieren ist. Nimmt man weitere Punkte auf G an, so sieht man, daß ihre ersten und zweiten Bilder mittels des Nebenbildes in einfacher Weise zusammenhängen und kann diese Tatsache so aussprechen: Die Bilder einer geraden Punktreihe sind gerade, zu ihr ähnliche Punktreihen. Umgekehrt ist eine Gerade durch ihre beiden Bilder G', G'' allein nicht bestimmt, sondern es müssen darauf zwei Punkte gegeben sein oder zu den Bildern noch das Nebenbild dazu; dann kann die Zuordnung der einzelnen Bildpunkte über das Nebenbild mit Hilfe der Ordnungsstrahlen vorgenommen werden.

Es ist möglich, daß ein Bild einer Geraden sich auf einen Punkt reduziert; wir sprechen, wenn G' (G'') ein Punkt ist, von einer erst(zweit)projizierenden Geraden G. Eine erstprojizierende Gerade z.B. steht auf Π_1 normal, d.h., sie schneidet die uneigentliche Gerade P_1. Alle Punkte von Π_1 (Π_2) haben ihre zweiten (ersten) Bilder in o. Die unendlichfernen Punkte des R_4 haben natürlich uneigentliche Bilder. Verbindet man z. B. in Abb. 9 o mit p durch eine Gerade, so sind die Bilder ihres unendlichfernen Punktes u die uneigentlichen Punkte u', u'' der Bildgeraden $o\,p'$ und $o\,p''$. Umgekehrt bestimmen die Richtungen $o\,u'$ und $o\,u''$ noch nicht einen uneigentlichen Raumpunkt, es gehört dazu noch eine Richtung $o\,\bar{u}$ im Nebenbilde. Hat man also zwei parallele Gerade darzustellen, so müssen nicht nur die gleichnamigen Hauptbilder, sondern auch ihre Nebenbilder parallel sein. Daraus folgt ohneweiters der Satz: Parallele Strecken im Raume haben gleichnamige parallele Bildstrecken, deren Längen sich so verhalten wie die der Raumstrecken.

Einen besonderen Fall erhalten wir, wenn wir die Punkte unseres $\mathfrak{R}_3$ darstellen wollen. Wegen $t = 0$ sieht man, daß hier die zweiten Bildpunkte stets auf der z-Achse liegen müssen.

Konstruiert man für einen solchen Punkt r (Abb. 9) aus r' und r'' das Nebenbild $\bar{r}$, so sind r' und $\bar{r}$ nichts anderes als gewöhnliche zugeordnete Normalrisse, man hat es also, wenn man mit dem ersten Bild und mit dem Nebenbild arbeitet, mit dem Grund- und Aufrißverfahren im $\mathfrak{R}_3$ zu tun.

Nimmt man im R_4 drei Punkte a, b, c an, so ist dadurch eine Ebene ε bestimmt. Da die in den Bildpunktfeldern ε' und ε'' einander entsprechenden geraden Punktreihen ähnlich sein müssen, so besteht zwischen ε' und ε'' eine Affinität, die durch die einander zugeordneten Dreiecke a', b', c' und a'', b'', c'' bestimmt ist. Eine Ebene ist also durch eine angenommene Affinität $\varepsilon' \rightarrow \varepsilon''$ in Π gegeben. In diesem Sinne kann man sagen, daß die Ebenen des R_4 auf die Affinitäten in Π abgebildet sind. Von besonderen Lagen ist zu vermerken, daß bei der Annahme der beiden Bildpunktdreiecke ein solches in eine Gerade oder in einen Punkt ausarten kann. Liegen z. B. a', b', c' in einer Geraden, dann liegen alle ersten Bildpunkte von ε in derselben, wir sprechen von einer halberstprojizierenden Ebene. In diesem Falle schneidet ε die Gerade P_1. Analog gibt es halbzweitprojizierende Ebenen, ferner doppelthalbprojizierende Ebenen, deren uneigentliche Gerade sowohl P_1 als auch P_2 schneidet. Geht aber ε durch P_1 hindurch, so fallen alle ersten Bildpunkte in einen einzigen Punkt, wir haben eine erste Sehebene oder erstprojizierende Ebene vor uns. Für eine solche Ebene ist die Affinität ausgeartet, indem allen Punkten in Π — als zweite Bildpunkte aufgefaßt — ein einziger Punkt, der mit ε' bezeichnet werden kann, zugeordnet ist; analoge Betrachtungen gelten für zweitprojizierende Ebenen. Aus allem geht hervor, daß die Geometrie der Affinitäten in Π mit der Geometrie der Ebenen im R_4 identisch ist. Die Tatsache, daß zwei Ebenen ε und φ einen einzigen Schnittpunkt haben, findet so ihren Ausdruck in Π, daß es einen einzigen Punkt p' gibt, der durch zwei Affinitäten $\varepsilon' \rightarrow \varepsilon''$ und $\varphi' \rightarrow \varphi''$ jedesmal in denselben Punkt p'' übergeführt wird. Schneiden sich z. B. ε und φ in einer Geraden, so gibt es in Π eine Gerade, die durch beide Affinitäten in dieselbe zweite Gerade transformiert wird; solche Affinitäten kann man auch als inzident bezeichnen. Dann lautet der Satz auf S. 21 μ. nach Π übertragen: zu drei gegebenen Affinitäten in Π gibt es eine vierte, die mit den dreien inzident ist. Ist eine gegebene Affinität $\varepsilon' \rightarrow \varepsilon''$ einmal die Identität (die Bildpunkte fallen zusammen), dann ist die dazugehörige Ebene die sogenannte Koinzidenzebene, deren Gleichungen lauten:

$$x + z = 0, \quad y + t = 0.$$

Ein Raum Δ ist durch vier Punkte bestimmt; wenn er analytisch durch Gleichung (1) dargestellt sein soll, so genügen zu seiner Festlegung seine Koordinaten a, b, c, d. Wir bezeichnen die Schnittgerade D_1 (D_2) von Δ mit Π_1 (Π_2) als seine erste (zweite) Spur und können deren Gleichungen anschreiben:

$$(5) \qquad \begin{aligned} D_1 &\equiv a\,x + b\,y + 1 = 0, \\ D_2 &\equiv c\,z + d\,t + 1 = 0. \end{aligned}$$

Daraus erkennt man, daß Δ durch D_1 und D_2 vollkommen bestimmt ist; das zweite (erste) Bild der ersten (zweiten) Spur ist der Punkt o. Sucht man noch den Schnitt der yz-Ebene mit Δ, so soll diese Gerade $\overline{D}$ mit der Gleichung

$$\overline{D} \equiv by + cz + 1 = 0$$

als Nebenspur bezeichnet werden. $\overline{D}$ trifft D_1 auf der y-, D_2 auf der z-Achse.

Um nun eine Vorstellung von der Verteilung der Bilder der Punkte von Δ zu erhalten, halten wir z. B. p' (x, y) fest und erkennen, daß ein dazugehöriger zweiter Bildpunkt p'' (z, t) nur mehr auf der Geraden P'' mit der Gleichung

$$c z + dt + (a x + b y + 1) = 0 \tag{6}$$

liegen kann. Diese Gleichung bleibt solange dieselbe, als der eingeklammerte Ausdruck einen konstanten, durch die Annahme von p' erteilten Wert behält, das heißt solange p' auf einer Geraden P' bleibt. Zu p' gehören also alle zweiten Bildpunkte auf P'', umgekehrt gehören zu allen Punkten von P'' erste Bildpunkte, die irgendwie auf einer durch p' gehenden Geraden P' liegen können. Aus (6) erkennt man, daß entweder P' oder P'' nicht willkürlich angenommen werden kann, da die Richtung von P'' durch das Verhältnis $c : d$, die Richtung von P' durch das Verhältnis $a : b$ angegeben ist. Nimmt man jedoch eine beliebige, zu P' parallele Gerade Q' an, so gehört zu ihr eine Gerade Q'', die zu P'' parallel ist, und es kann zu einem beliebigen ersten Bildpunkt auf Q' ein beliebiger zweiter Bildpunkt nur auf Q'' gehören. Es sind also den Parallelen P', Q',... die Parallelen P'', Q'',..... derart zugeordnet, daß zusammengehörige Bildpunkte nur auf entsprechenden Strahlen dieser Parallelstrahlenbüschel liegen können. Sucht man das Erzeugnis dieser Büschel auf, so muß man bedenken, daß der Punkt, in dem sich z. B. P' und P'' schneiden, sowohl erster als auch zweiter Bildpunkt eines Punktes von Δ sein muß. Setzen wir daher in (6) $x = - z = \xi$ und $y = - t = \eta$, so erhalten wir die Gerade

$$D \equiv (a - c)\, \xi + (b - d)\, \eta + 1 = 0. \tag{7}$$

Die Strahlbüschel $P' Q'$... und $P'' Q''$.... sind daher perspektiv und erzeugen die Gerade D, die wir die Achse von Δ nennen wollen. Zusammenfassend können wir also sagen: Die Bilder der Punkte eines Raumes müssen so liegen, daß zusammengehörige Bilder auf entsprechenden Strahlen zweier perspektiver Parallelstrahlenbüschel liegen, die die Ordnungsbüschel von Δ heißen sollen. Zwei zugeordnete Strahlen P' und P'' sind nichts anderes, als die Bilder einer in Δ enthaltenen doppeltprojizierenden Ebene, die Achse ist das Bild der Schnittgeraden von Δ mit der Koinzidenzebene. Ein Raum Δ ist darstellend-geometrisch durch die Angabe seiner Achse D und zweier Ordnungsstrahlen D' und D'' vollkommen bestimmt, denn dadurch kennt man nach den vorangehenden Gleichungen (6) und (7) die Größen $a - c$, $b - d$, $a : b$, $c : d$, aus denen a, b, c, d, berechnet werden kann. Geometrisch ist Δ bei dieser Annahme durch eine Gerade in der Koinzidenzebene und eine unendlich ferne Gerade (die uneigentliche Gerade aller doppeltprojizierenden Ebenen) gegeben.

Als besondere Lage eines Raumes kann es vorkommen, daß z. B. alle ersten Bilder der Punkte von Δ in eine Gerade Δ' fallen. Ein solcher Raum heißt erstprojizierend und enthält die Gerade P_1. Analog gibt es zweitprojizierende Räume. Ein

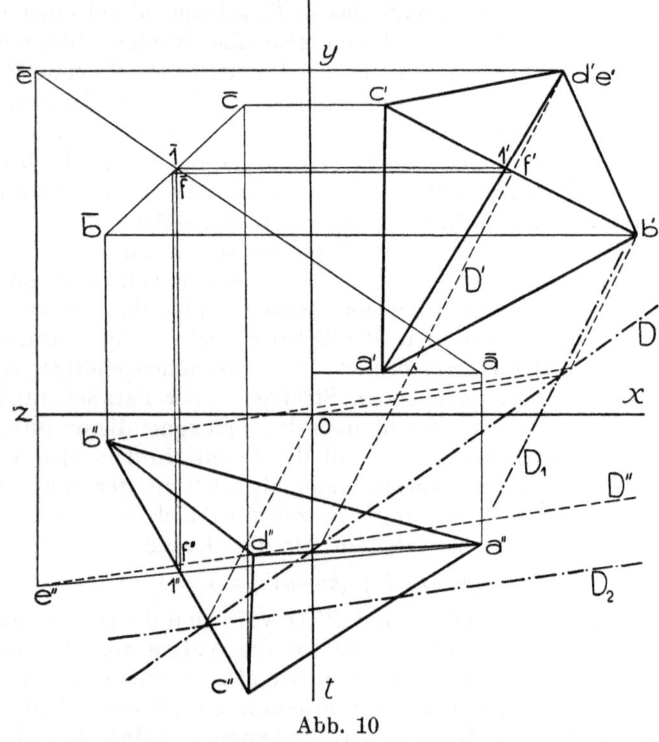

Abb. 10

doppeltprojizierender Raum ist nur einmal vorhanden, nämlich der unendlich ferne Raum Ω; hier fallen alle Bildpunkte in die doppelt überdeckte uneigentliche Gerade der Zeichenebene.

Wir wollen jetzt die Aufgabe lösen, von einem durch vier Punkte a, b, c, d gegebenen Raum Δ die Achse D, die Spuren D_1, D_2 und die Ordnungsbüschel zu konstruieren (Abb. 10). Man nimmt einen z. B. mit d' zusammenfallenden Punkt e' an und bestimmt e'' so, daß sich e in der Ebene des Dreieckes a, b, c befindet (mit Hilfe der Affinität oder noch einfacher mittels des Nebenbildes). Dann ist $d''e''$ schon ein zweiter Ordnungsstrahl D''. Sucht man nun zu irgend einem Punkte f'' auf D'' das erste Bild f', so gibt $e'f'$ den zugeordneten Strahl D'. Legt man weiter durch alle ersten Bildpunkte Parallele zu D', durch alle zweiten Bildpunkte ebensolche zu D'', so treffen sich die zusammengehörigen Ordner auf der Achse D. Die erste Spur D_1 findet man unabhängig von dieser ganzen Konstruktion, wenn man o zweimal als zweiten Bildpunkt von Punkten in verschiedenen Ebenen auffaßt und die entsprechenden ersten Bilder miteinander verbindet. Liegen die Ordnungsbüschel aber schon vor, so hat man durch o einen zweiten Ordner zu legen und durch seinen Schnittpunkt mit D die Parallele D_1 zu D' zu ziehen. Auf demselben Wege findet man D_2. Aus der Abbildung ist auch leicht zu ersehen, wie die Achse aufzusuchen ist, wenn die Spuren gegeben sind.

Wir kennen also eine zweifache Darstellung der Räume: durch die Spuren und durch die Ordnungsbüschel und können von einer zur anderen übergehen. Die Durchführung der Lagenaufgaben innerhalb eines Raumes Δ gestaltet sich sehr einfach. Daß eine Gerade oder Ebene in Δ liegt, ist daran zu erkennen, daß sich entsprechende Bildpunkte dieser Punktgebilde durch die Ordnungsbüschel von Δ zuordnen lassen. Sämtliche Lagenaufgaben lassen sich daher mit genau den gleichen Linien lösen, wie wir sie beim Zweibilderverfahren im R_3 gefunden haben.

Den Schnittpunkt p einer Geraden G (G', G'') mit einem Raum Δ (D, D', D'') finden wir, indem wir z. B. auf G' zwei Punkte a', b' annehmen, die entsprechenden a'', b'' auf G'' dazu suchen und noch auf G'' diejenigen Punkte a_1'', b_1'' bezeichnen, die durch die Ordnungsbüschel den Punkten a', b' zugeordnet sind. Durch a'', b'' und a_1'', b_1'' sind auf G'' zwei ähnliche Punktreihen fixiert, deren Doppelpunkt das zweite Bild p'' des gesuchten Schnittpunktes ist. Dadurch ist erreicht, daß p sowohl auf G wie auch in Δ liegt.

Die Schnittgerade einer Ebene ε mit einem Raum Δ wird ermittelt, indem man in ε zwei beliebige Gerade annimmt, diese mit Δ auf die angegebene Weise zum Schnitt bringt und diese Schnittpunkte miteinander verbindet. Diese Aufgabe kann natürlich (wie jede andere ähnliche) durch die Wahl der willkürlich anzunehmenden Elemente konstruktiv vereinfacht werden. Eine solche Vereinfachung, das heißt Reduktion auf möglichst wenige Konstruktionslinien, wird sich dann empfehlen, wenn eine Aufgabe öfters zu wiederholen ist oder wenn eine erhöhte Genauigkeit verlangt wird.

Sind zwei Räume Δ (D, D', D'') und Λ (L, L', L'') gegeben, so ist ihre Schnittebene σ folgendermaßen zu finden: man nimmt irgend einen zweiten Bildpunkt p'' an, legt durch ihn die beiden zweiten Ordner von Δ und Λ, sucht die dazugehörigen ersten Ordner, deren Schnittpunkt p' sein soll. Der durch p', p'' gegebene Punkt liegt in Δ und in Λ, daher auch in σ. Auf diese Art kann man beliebige Punkte von σ finden; es genügen natürlich drei zur Bestimmung dieser Ebene. Insbesondere liefert der Schnittpunkt der beiden Achsen den in der Koinzidenzebene gelegenen Punkt von σ, ferner der Schnittpunkt der beiden ersten (zweiten) Spuren den ersten (zweiten) Spurpunkt von σ. Jetzt kann die vorangehende Konstruktion, den Schnittpunkt einer Geraden G mit einem Raum Δ zu ermitteln, durch eine räumliche Betrachtung gefunden werden. Man legt durch G einen Hilfsraum Λ (die Ordnungsbüschel haben beliebige Richtung, die einzelnen Strahlen gehen aber durch entsprechende Bildpunkte von Punkten der Geraden) und bestimmt seine Schnittebene σ mit Δ. Da G und σ in Λ liegen, so kann man den Schnittpunkt von G mit σ ermitteln, der schon der gesuchte Punkt ist, da σ auch in Δ liegt.

Um den Schnittpunkt p zweier Ebenen ε und φ zu bekommen, hat man die folgende räumliche Überlegung in die Konstruktion umzusetzen: man legt durch ε einen Raum Δ (die Richtung eines Ordnungsbüschels ist beliebig, das andere ist dann aber schon bestimmt), und durch φ einen Raum Λ. Die Schnittebene σ von Δ und Λ liefert mit ε und φ zwei Schnittgerade, deren Schnittpunkt schon der gesuchte Punkt ist. Eine andere, auf planimetrischen Überlegungen fußende Konstruktion erhält man, wenn man sich die Ebenen durch die Affinitäten $\varepsilon' \rightarrow \varepsilon''$ und $\varphi' \rightarrow \varphi''$ gegeben denkt. Nimmt man drei Punkte a', b', c' an und sucht die entsprechenden a_1'', b_1'', c_1'' mittels $\varepsilon' \rightarrow \varepsilon''$, ferner a_2'', b_2'', c_2'' mittels $\varphi' \rightarrow \varphi''$, so bestimmen diese zwei Dreiecke zwei neue affine Felder, deren Doppelpunkt das zweite Bild des gesuchten Schnittpunktes ist.

Alle diese Lagenaufgaben sind ohne Benützung des Achsenkreuzes lösbar. Dieses ist nur dann nötig, wenn es sich um die Benützung oder Bestimmung von Spurelementen handelt, oder wenn von einzelnen Punkten Koordinaten gegeben oder zu suchen sind. Hieher gehört die graphische Auflösung von vier linearen Gleichungen mit vier Unbekannten. Die vier Gleichungen werden durch Räume repräsentiert, von deren gemeinsamen Punkt schließlich die Koordinaten abzulesen sind.

Von den **Maßaufgaben** wollen wir nur die wichtigsten, nämlich das Normalstehen von Raum und Gerade, ferner die wahre Länge einer Strecke näher betrachten.

Zuerst soll analytisch die Aufgabe gelöst werden, vom Punkte o auf einen durch Gleichung (1) gegebenen Raum Δ die Normale N zu fällen. N ist vollständig bestimmt durch ihre Bilder und durch das Nebenbild (vgl. Abb. 9), so daß man für N die Gleichungen schreiben kann:

$$y = \alpha\, x,\; z = \beta\, y,\; t = \gamma\, z,$$

worin α, β, γ vorderhand beliebige Größen bedeuten. Schreiben wir Δ und N in homogenen Koordinaten:

$$a\;\xi + b\;\eta + c\;\zeta + d\;\tau + \sigma = 0,$$
$$\eta = \alpha\;\xi,\; \zeta = \beta\;\eta,\; \tau = \gamma\;\zeta,$$

so ergibt sich für die uneigentliche Ebene von Δ die Gleichung $(\sigma = 0)$:

$$a\;\xi + b\;\eta + c\;\zeta + d\;\tau = 0.$$

Der Pol dieser Ebene bezüglich der absoluten Kugel (4) hat also die homogenen Koordinaten $a : b : c : d : 0$. Soll nun N auf Δ normal stehen, so müssen diese Koordinaten den Geradengleichungen genügen:

$$b = \alpha\, a,\; c = \beta\, b,\; d = \gamma\, c,$$

aus denen α, β, γ zu berechnen ist. Es ist z. B. $\alpha = \frac{b}{a}$ der Richtungskoeffizient des ersten Bildes N' von N. Der Richtungskoeffizient der ersten Spur D_1 von Δ ist aber nach (5) gleich $-\frac{a}{b}$, so daß also N′ und D_1 einen rechten Winkel bilden. Da für Δ keinerlei besondere Lage gegen die Koordinatenebenen angenommen wurde, so kann man das Ergebnis allgemein fassen: **wenn eine Gerade auf einem Raum normal steht, so bildet die orthogonale Projektion der Geraden auf eine Ebene mit der Schnittgeraden des Raumes mit dieser Ebene einen rechten Winkel.** Im besonderen stehen also die Bilder einer Normalen senkrecht auf den gleichnamigen Spuren des Raumes.

Diesen Satz benützen wir zur Lösung der Aufgabe: von einem Punkt p (p', p'') ist auf einen Raum Δ (D_1, D_2) das Lot N zu fällen und der Fußpunkt dieses Lotes (Schnittpunkt mit Δ) aufzusuchen (Abb. 11). Zieht man von p' (p'') die Normale auf D_1 (D_2), so ergibt sich N' (N''); zur weiteren Bestimmung von N zieht man noch das Nebenbild und die Nebenspur heran, so daß $\overline{N}$ das Lot von $\overline{p}$ auf $\overline{D}$ ist. Dadurch läßt sich irgend ein Punkt q

auf N festlegen und N ist durch p und q bestimmt. Nun ist der Schnitt von N mit Δ zu ermitteln, zu welchem Zwecke man noch die Spur D aufsucht (wegen der Ordnungsbüschel). Bezeichnet man p' (q') mit p_1' (q_1') und sucht man p_1'' (q_1'') auf N'' so, daß p_1 und q_1 in Δ liegen, so gibt der Schnittpunkt der Geraden $p\,q$ und $p_1\,q_1$ den gesuchten Fußpunkt f, der mittels des Nebenbildes sofort zu finden ist. Aus $\bar{f}$ findet man einfach f' und f'' mittels der Ordner. Es läßt sich unschwer zeigen, daß die kürzeste Strecke zwischen p und irgend einem Punkte in Δ eben $\overline{pf}$ ist,

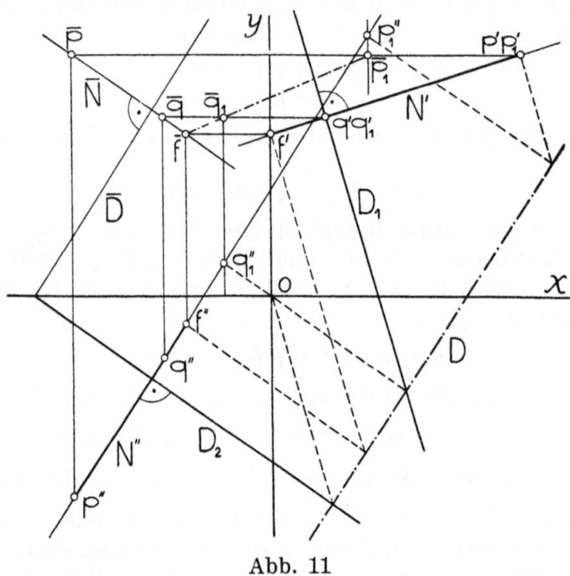

Abb. 11

so daß diese Strecke als Abstand des Punktes p vom Raume Δ bezeichnet wird.

Wahre Länge einer Strecke. Hat eine Strecke $\overline{pp_0}$ die Länge l, die durch die Gleichung (2) definiert ist, und bezeichnet man mit l' und l'' die Längen ihrer Bilder, so ist

$$l' = \overline{p'\,p_0'} = \sqrt{(x-x_0)^2+(y-y_0)^2},$$
$$l'' = \overline{p''\,p_0''} = \sqrt{(z-z_0)^2+(t-t_0)^2},$$

daher

$$l^2 = l'^2 + l''^2.$$

Die wahre Länge einer Strecke ist also die Hypothenuse eines rechtwinkligen Dreieckes, dessen Katheten die Bildstrecken sind. Diese für alle metrischen Aufgaben im R_4 grundlegende Konstruktion ist in Abb. 12 gezeigt.

Wenn die Strecke in unserem $\mathfrak{R}_3$ angenommen ist (p'' und p_0'' liegen dann auf der z-Achse), so gelangt man bei Heranziehung des Nebenbildes zu der bekannten Konstruktion im Grund- und Aufrißverfahren. Hält man in Abb. 12 p_0 fest und läßt p eine Gerade G durchlaufen und sucht man auf dieselbe Art immer die wahre Länge von $\overline{p_0 p}$, so liegen die dabei verwendeten Punkte $p^\times$, die man erhält, wenn man normal zu G' die zweiten Bildstrecken in den betreffenden Punkten aufträgt, auf einer Geraden $G^\times$, auf welcher sich alle Strecken in G in wahrer Größe zeigen. Man kann $G^\times$ als eine erste Umlegung von G, gestützt auf den Punkt p_0, bezeichnen und diese zum Auftragen von gegebenen Strecken auf einer Geraden benützen. Eine Strecke erscheint nur dann in einem Bilde in wahrer Größe, wenn das andere Bild der Strecke ein Punkt ist (ihr Nebenbild ist zu einer Achse parallel).

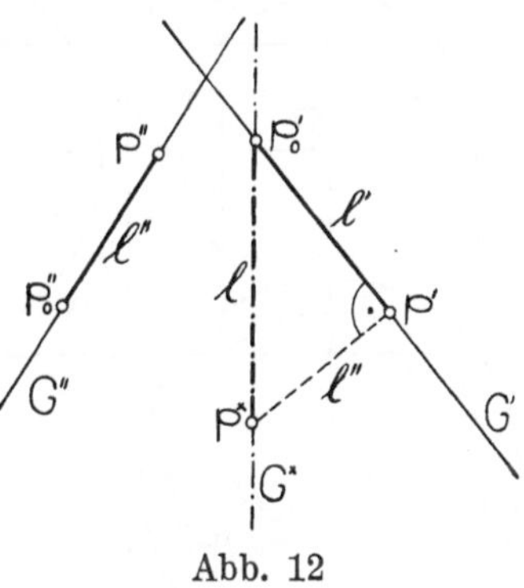

Abb. 12

Jetzt kann man metrische Konstruktionen in einer beliebigen Ebene ε durchführen. Man wählt in ihr drei Punkte a, b, c, bestimmt die Seitenlängen dieses Dreieckes und konstruiert in Π mit diesen Seiten ein Dreieck $a^\times$, $b^\times$, $c^\times$. Alle in ε für eine verlangte Konstruktion gegebenen Stücke bezieht man auf das Dreieck a, b, c und zeichnet sie in natürlicher Größe und Lage in das Dreieck $a^\times, b^\times, c^\times$ ein. Man hat damit ε aus dem R_4 herausgenommen und in die Bildebene gelegt, wodurch das System $\varepsilon^\times$ erhalten wird. Dort kann man die verlangte Konstruktion planimetrisch ausführen und das Resultat auf ε zurückübertragen. Für die praktische Ausführung denkt man sich zwei Seiten des Dreieckes als Achsen eines schiefwinkligen Parallelkoordinatensystems und jeden Punkt in ε durch diese Koordinaten bestimmt. Das System $\varepsilon^\times$ ist natürlich affin zu ε' und zu ε'', so daß man auch mit Hilfe dieser Beziehung die Konstruktionen vereinfachen kann.

Ähnlich kann man verfahren, wenn es sich um metrische Konstruktionen innerhalb eines Raumes Δ handelt. Man wählt in Δ ein Koordinatentetraeder, bestimmt dessen Kantenlängen und konstruiert in einer Nebenfigur den Auf- und Grundriß eines Tetraeders aus diesen Kanten, wobei man zur Vereinfachung eine Tetraederebene in eine Projektionsebene legen kann. Der

Gedankengang zur Ausführung einer Konstruktion ist dann analog wie vorher.

Eine andere Methode beruht auf der Überlegung, daß man jeden Raum Δ durch „Bewegung" im R_4 in unseren $\mathfrak{R}_3$ bringen kann. Die Schnittebene von Δ und $\mathfrak{R}_3$ sei ε. Fällt man in Δ von einem Punkte p das Lot auf ε, so erhält man einen Fußpunkt p_0; errichtet man in p_0 ein anderes Lot auf ε, diesmal aber im Raume $\mathfrak{R}_3$ und trägt man den Abstand $\overline{pp_0}$ auf diesem neuen Lot von p_0 aus auf, so erhält man einen Punkt p_1 im $\mathfrak{R}_3$. Macht man das für alle Punkte, so erhält man eine punktweise Zuordnung der Räume Δ und $\mathfrak{R}_3$, bei welcher sich die Punkte von ε selbst entsprechen, während die anderen sich entsprechenden Strecken paarweise gleich lang sind. Diese Zuordnung kann man daher als eine Bewegung von Δ im R_4 bezeichnen, bei welcher eine Ebene von Δ punktweise festbleibt. Im gewöhnlichen Raume hat dieser Vorgang seine Analogie in der Drehung einer Ebene in eine andere um ihre Schnittgerade. Genau so, wie man hier diese Bewegung durch eine Parallelprojektion einer Ebene auf die andere normal zu ihrer Symmetrieebene ersetzen kann, kann man jetzt den Raum Δ in der Richtung pp_1 auf $\mathfrak{R}_3$ projizieren. Wenn man beachtet, daß alle Dreiecke p, p_0, p_1 solche mit parallelen Seiten sind, so läßt sich der Übergang von Δ nach $\mathfrak{R}_3$ damit konstruktiv leicht behandeln, wenn einmal ein solches Dreieck konstruiert wurde. Hat man nun alle nötigen Punkte von Δ auf diese Art nach $\mathfrak{R}_3$ gebracht, so kann man in diesem $\mathfrak{R}_3$ unter Zuhilfenahme der Nebenbilder mit Grund- und Aufriß arbeiten. Schließlich hat man das Ergebnis (oder auch die ganze Konstruktion) nach Δ zurückzuführen.

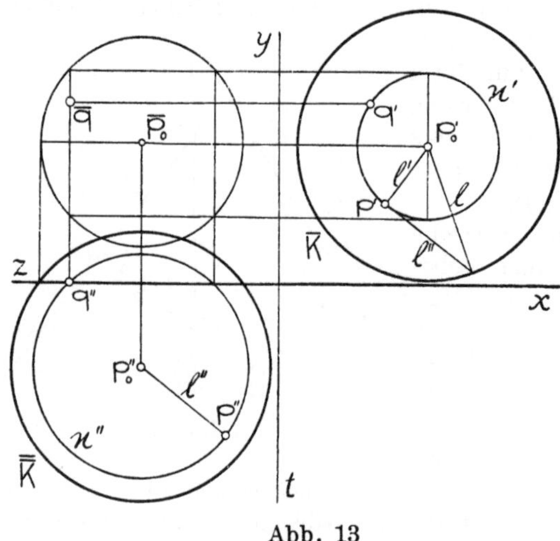

Abb. 13

Zum Schlusse wollen wir noch die Bilder einer Sphäre mit der Gleichung (3), deren Mittelpunkt p_0 und Radius l gegeben sind, untersuchen (Abb. 13). Wenn p ein beliebiger Punkt der Sphäre ist, und die Abstände $\overline{p' p_0'} = l'$ und $\overline{p'' p''_0} = l''$ sind, so muß stets die Bedingung $l'^2 + l''^2 = l^2$ erfüllt sein. Zeichnet man also die Kreise $\varkappa'$ (p_0', l') und $\varkappa''$ (p_0'', l'') auf Grund dieser Beziehung, so können allen Punkten von $\varkappa'$ alle Punkte von $\varkappa''$ als zusammengehörige Bildpunkte zugeordnet werden. $\varkappa'$ und $\varkappa''$ bestimmen daher ∞^2 Punkte auf der Sphäre, die demnach auf einer Fläche $\varkappa$ liegen. Läßt man l' alle Werte von 0 bis l durchlaufen, so sind allen konzentrischen Kreisen $\varkappa'$ ebensolche Kreise $\varkappa''$ eindeutig zugeordnet. Insbesondere entsprechen dem Punkte p_0' (p_0'') diejenigen zweiten (ersten) Bildpunkte, die auf dem Kreise $\overline{\overline{K}}$ $(\overline{K})$ mit dem Radius l liegen. Außerhalb $\overline{\overline{K}}$ $(\overline{K})$ gibt es keine reellen Bildpunkte, wir können diesen Kreis also als den zweiten (ersten) scheinbaren Umriß der Sphäre bezeichnen. Die Sphäre ist also durch die Angabe zweier Kreise vom Radius l vollkommen bestimmt. Will man noch den Schnitt der Sphäre mit unserem $\mathfrak{R}_3$ haben, so hat man sich die Nebenbilder aller Punkte zu konstruieren, deren zweite Bilder auf der z-Achse liegen. Wäre z. B. q'' ein Schnittpunkt von $\varkappa''$ mit z, so liegen alle dazugehörigen ersten Bildpunkte auf $\varkappa'$, die Nebenbilder bilden also eine zu y parallele Strecke, deren Länge $2\,l'$ ist. Die Fläche $\varkappa$ wird also vom $\mathfrak{R}_3$ nach zwei Kreisen geschnitten. Führt man diese Konstruktion für alle möglichen Flächen $\varkappa$ durch, so ist leicht zu erkennen, daß alle so erhaltenen Kreise auf einer gewöhnlichen Kugel liegen, deren Durchmesser so groß ist, wie der Abschnitt der z-Achse innerhalb $\overline{\overline{K}}$. Wir erkennen, daß $\mathfrak{R}_3$ und somit jeder Raum eine Sphäre nach einer Kugel schneidet.

Literatur:

1. Veronese, G.: Behandlung der projektivischen Verhältnisse der Räume von verschiedenen Dimensionen durch das Prinzip des Projizierens und Schneidens, Math. Ann. 19 (1881).

2. Schoute, P. H.: Mehrdimensionale Geometrie, 1. Teil, Leipzig 1902, (Sammlg. Schubert 35).

3. Mehmke, R.: Über die darstellende Geometrie der Räume von vier und mehr Dimensionen, Math.-naturw. Mitt. Stuttgart 6 (1904).

4. Vries, H. de: Die Lehre von der Zentralprojektion im vierdimensionalen Raume, Leipzig 1905.

5. Müller, E.: Die darstellende Geometrie als eine Versinnlichung der abstrakten projektiven Geometrie, Jahrsb. d. Math. Ver. 14 (1905).

6. Hofmann, L.: Konstruktive Lösung der Maßaufgaben im vierdimensionalen euklidischen Raum, Sitzber. Ak. Wien 130 (1921).

5. Eine nichtlineare Abbildung der Punkte des gewöhnlichen Raumes (Netzprojektion)

Wir denken uns wieder ein beliebig liegendes rechtwinkliges Koordinatensystem im Raume und ein ebensolches in der Zeichenebene Π. Ein Punkt p (x, y, z) soll einen Bildpunkt p' (ξ, η) besitzen und eine Abbildung $p \rightarrow p'$ soll durch die folgenden zwei bilinearen Gleichungen gegeben sein:

$$(1)\qquad \begin{aligned} &(a_0 + a_1 x + a_2 y + a_3 z)\ \xi + (b_0 + b_1 x + b_2 y + b_3 z)\ \eta + \\ &\qquad + (c_0 + c_1 x + c_2 y + c_3 z) = 0 \\ &(\alpha_0 + \alpha_1 x + \alpha_2 y + \alpha_3 z)\ \xi + (\beta_0 + \beta_1 x + \beta_2 y + \beta_3 z)\ \eta + \\ &\qquad + (\gamma_0 + \gamma_1 x + \gamma_2 y + \gamma_3 z) = 0 \end{aligned}$$

Wenn wir setzen:

$$a_0 + a_1 x + a_2 y + a_3 z = a,$$
$$\alpha_0 + \alpha_1 x + \alpha_2 y + \alpha_3 z = \alpha \text{ usw.},$$

so lassen sich die Abbildungsgleichungen schreiben:

$$(1')\qquad \begin{aligned} a\ \xi + b\ \eta + c &= 0 \\ \alpha\ \xi + \beta\eta + \gamma &= 0. \end{aligned}$$

Will man jedoch die Gleichungen (1) nach x, y, z ordnen, so kann man unter Benützung der Ausdrücke

$$\left.\begin{aligned} a_i\ \xi + b_i\ \eta + c_i &= d_i \\ \alpha_i\ \xi + \beta_i\ \eta + \gamma_i &= \delta_i \end{aligned}\right\}\ i = 0, 1, 2, 3$$

auch anschreiben:

$$(1'')\qquad \begin{aligned} d_0 + d_1 x + d_2 y + d_3 z &= 0 \\ \delta_0 + \delta_1 x + \delta_2 y + \delta_3 z &= 0. \end{aligned}$$

Ist p gegeben, so sind die Größen $a, b, c, \alpha, \beta, \gamma$ bestimmt und es ergibt sich aus (1′) ein einziger Bildpunkt p'. Ist umgekehrt aber p' gegeben, so sind die d_i und δ_i bestimmt und (1″) liefert die dazugehörigen Punkte p; diese liegen daher auf einer Geraden P, die durch die beiden Gleichungen (1″) analytisch bestimmt ist. Die Abbildung ist also, wie schon aus den verschiedenen Dimensionszahlen von Objekt- und Bildmannigfaltigkeit hervorgeht, unbestimmt. Zu jedem Punkte p' gehört eine Gerade P, zu allen Punkten von Π daher eine Gesamtheit von ∞^2 Geraden, die wir als eine Strahlkongruenz bezeichnen.

Beispiele für Strahlkongruenzen sind: alle Geraden einer Ebene (Strahlfeld), alle Geraden eines Strahlbündels, alle Geraden, die zwei gegebene Kurven treffen, alle gemeinsamen Tangenten zweier Flächen usw. Besonders wichtig ist die sogenannte lineare Strahlkongruenz oder das Strahlnetz, welches aus allen Geraden besteht, die zwei feste, sich im allgemeinen kreuzende Gerade (Brennlinien) treffen. Jede Strahlkongruenz wird durch zwei Zahlen charakterisiert, nämlich durch ihren Feldgrad und Bündelgrad. Unter dem Feldgrad versteht man die Anzahl der Strahlen, die von einer Kongruenz in einer beliebigen Ebene liegen, unter dem Bündelgrad die Anzahl der Strahlen, die durch einen beliebigen Punkt gehen. Das Strahlfeld z. B. hat den Feldgrad 1, dagegen den Bündelgrad 0, da im allgemeinen durch einen beliebigen Raumpunkt kein Strahl des Feldes gehen kann. Das Strahlbündel hat umgekehrt den Feldgrad 0 und den Bündelgrad 1. Das Strahlnetz endlich hat sowohl den Feld- als auch den Bündelgrad 1 und man kann zeigen, daß jede Kongruenz dieser Eigenschaft eine lineare ist, d. h., daß es stets zwei Brennlinien gibt, die allerdings auch zusammenfallen oder konjugiert imaginär sein können.

Wir wollen nun die Gesamtheit aller Strahlen P, die wir mit $\mathfrak{S}$ bezeichnen, untersuchen. $\mathfrak{S}$ nennen wir in Analogie mit dem auf S. 4 gegebenen Beispiel die Sehstrahlenkongruenz. Betrachtet man in (1′) ξ und η als Parameter, so bedeutet $a\,\xi + b\,\eta + c = 0$ eine Ebene, die durch den Schnittpunkt o_1 der drei Ebenen $a = 0$, $b = 0$, $c = 0$ hindurchgeht; diese Gleichung stellt also bei veränderlichem ξ, η ein Ebenenbündel o_1 dar. Ebenso ist $\alpha\,\xi + \beta\,\eta + \gamma = 0$ ein anderes Ebenenbündel, dessen Träger o_2 der Schnittpunkt der Ebenen $\alpha = 0$, $\beta = 0$, $\gamma = 0$ ist. Durch die Annahme eines Wertepaares ξ, η ist also einer Ebene von o_1 eine solche von o_2 eindeutig zugeordnet, wir haben es also mit zwei kollinearen Bündeln zu tun. Im besonderen entspricht z. B.

der Ebene $a = 0$ die Ebene $\alpha = 0$ für $\xi = \infty$, η endlich,
„ „ $b = 0$ „ „ $\beta = 0$ „ $\eta = \infty$, ξ endlich,
„ „ $c = 0$ „ „ $\gamma = 0$ „ $\xi = \eta = 0$,
der Ebene $a + b + c = 0$ die Ebene $\alpha + \beta + \gamma = 0$ für $\xi = \eta = 1$ usw.

Da ein Sehstrahl P als Schnitt zweier sich entsprechender Ebenen definiert ist, so ist $\mathfrak{S}$ das Erzeugnis der kollinearen Ebenenbündel o_1 und o_2. $\mathfrak{S}$ hat den Bündelgrad 1 und den Feldgrad 3. Legt man nämlich durch einen Raumpunkt p alle Ebenen von o_1, so bilden sie ein Büschel mit der Achse $o_1\,p$, dem in o_2 ein Ebenenbüschel zugeordnet ist, dessen Achse im allgemeinen nicht durch p geht. Diejenige Ebene ε_2 dieses Büschels, die nun durch p geht, hat eine entsprechende Ebene ε_1 im ersten Büschel, die nach der Annahme auch durch p geht. Es gibt also durch einen

Raumpunkt nur ein einziges Paar entsprechender Ebenen, die sich daher in dem einzigen durch p gehenden Sehstrahl P schneiden. Dagegen gibt es in einer beliebigen Ebene drei Strahlen von $\mathfrak{S}$, da die beiden Bündel in dieser Ebene kollineare Strahlfelder ausschneiden, deren Doppeldreiseit eben die drei Geraden sind.

Das Wesentliche und Neue an einer solchen Abbildung ist, daß statt eines Sehstrahlenbündels, wie bisher üblich, eine Sehstrahlenkongruenz verwendet wird. Dieser Fall ist auch physikalisch durchaus möglich. Leitet man nämlich die von einer punktförmigen Lichtquelle ausgehenden Strahlen durch eine Linse oder reflektiert man sie an einer Fläche, so bilden die so geänderten Strahlen eine Kongruenz, die man nun zur Herstellung von Bildern verwenden kann.

Es ist also jedem Strahl P von $\mathfrak{S}$ ein Punkt p' in Π zugeordnet, so daß zu allen Punkten von P der gemeinsame Bildpunkt p' gehört. Die Zuordnung $P \rightarrow p'$ kann man sich klarmachen, indem man alle P mit einer Ebene ε schneidet und nun das Feld der so erhaltenen Spurpunkte p_0 mit dem Felde aller p' in Verbindung setzt. Als ε können wir, da o_1 und o_2 allgemeine Lage gegen das Koordinatensystem haben, die xy-Ebene annehmen und erhalten dann aus (1″) die folgenden Gleichungen für die Verwandtschaft $p_0\,(x, y, 0) \rightarrow p'\,(\xi, \eta)$:

$$\begin{aligned} d_0 + d_1\,x + d_2\,y &= 0 \\ \delta_0 + \delta_1\,x + \delta_2\,y &= 0. \end{aligned} \tag{2}$$

Das sind wieder zwei bilineare Gleichungen zwischen den Koordinaten in den Ebenen ε und Π, welche eine quadratische Punktverwandtschaft definieren; das heißt, es entspricht jeder Geraden des einen Feldes ein Kegelschnitt des anderen. Man kann diese Verwandtschaft $p_0 \rightarrow p'$ auch so erklären: vermöge der beiden Gleichungen (2), welche jede für sich eine Korrelation zwischen ε und Π darstellen, entsprechen dem Punkte p_0 zwei Gerade in Π, deren Schnittpunkt p' ist. Durchläuft also p_0 eine gerade Punktreihe, so sind ihr in Π vermöge der Korrelationen zwei projektive Strahlbüschel zugeordnet, deren Erzeugnis ein Kegelschnitt in Π ist. (2) gibt also tatsächlich eine quadratische Verwandtschaft.

Wir wollen nun die Bildkurve G' einer Geraden G untersuchen, das heißt den Ort der Bildpunkte p', wenn p eine Gerade G beschreibt. Wenn die Gleichungen von G gegeben sind:

$$\begin{aligned} A\,x + B\,y + C\,z + D &= 0 \\ A'\,x + B'\,y + C'\,z + D' &= 0, \end{aligned}$$

so kann man aus ihnen und aus (1″) x, y, z eliminieren, wodurch man die Determinante erhält:

$$\begin{vmatrix} A & B & C & D \\ A' & B' & C' & D' \\ d_1 & d_2 & d_3 & d_0 \\ \delta_1 & \delta_2 & \delta_3 & \delta_0 \end{vmatrix} = 0.$$

Die ersten zwei Zeilen enthalten Konstante, während die Elemente der zwei übrigen Zeilen ganze, lineare Funktionen von ξ, η sind. Diese Gleichung stellt also einen Kegelschnitt G' dar. Wir sind daher berechtigt, von (1) als von einer nichtlinearen Abbildung zu sprechen und sie als quadratische zu bezeichnen.

In dieser allgemeinen Form hat die Abbildung (1) bisher keine Verwendung gefunden. Man kann sie in der Weise vereinfachen, daß man jedem Sehstrahl P als zugehörigen Bildpunkt p' den Schnittpunkt von P mit Π zuordnet. Eine weitere Vereinfachung kann man in der Kongruenz $\mathfrak{S}$ selbst vornehmen, wenn man die beiden kollinearen Bündel o_1 und o_2 nicht allgemein gibt, sondern so, daß die Verbindungsgerade O von o_1 und o_2 selbstentsprechend wird. Dann entspricht dem Ebenenbüschel mit der Achse O des ersten Bündels ein ebensolches Büschel im zweiten Bündel. Die Doppelebenen λ und μ dieser vereinigt liegenden Ebenenbüschel sind die einzigen sich selbst entsprechenden Ebenen, die natürlich durch O gehen. Dem Strahlbüschel o_1 in λ ist ein Strahlbüschel o_2 in λ zugeordnet, und diese Büschel sind perspektiv, da sie einen gemeinsamen Strahl O haben; ihr Erzeugnis ist daher eine Gerade L in λ. Ebenso gibt es eine analoge Gerade M in μ. Hat man nun zwei entsprechende Ebenen ε_1 und ε_2 in beiden Bündeln, so müssen sie durch dieselben Punkte von L und M gehen, ihre Schnittlinie P ist also eine Treffgerade von L und M. Das Erzeugnis $\mathfrak{S}$ der Bündel o_1 und o_2 besteht jetzt aus allen Geraden, die L und M schneiden, es ist also ein Strahlnetz mit den Brennlinien L und M.

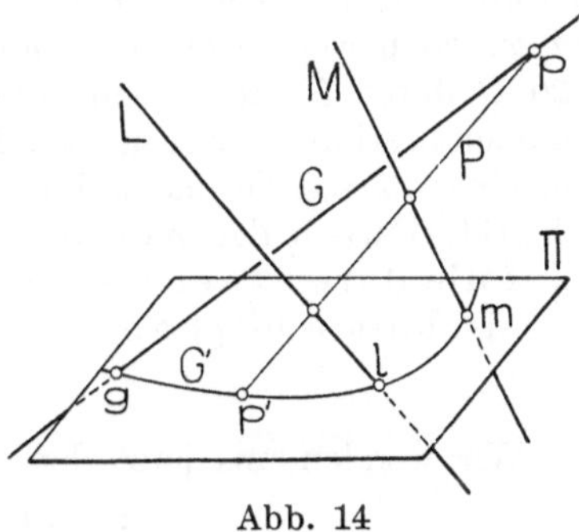

Abb. 14

Diese vereinfachte Abbildung kann geometrisch durch die Annahme von Π und zweier Geraden L und M, die außerhalb Π liegen und Π in den Punkten l und m treffen, gegeben werden (Abb. 14). Zu einem Raumpunkte p findet man das Bild p', indem man durch p den Netzstrahl P (die Transversale von L und M) legt und seinen Spurpunkt p' in Π aufsucht. Wir nennen wegen dieses Zusammenhanges p' den Netzriß oder die windschiefe Projektion von p. Durchläuft p eine Gerade G (Spurpunkt g), so bilden alle Sehstrahlen als Transversale von L, M und G eine Regelschar (eine Erzeugendenschar einer Fläche zweiter Ordnung φ), deren Spurkurve G' daher ein durch l, m und g gehender Kegelschnitt ist. Diese Bildkegelschnitte aller Raumgeraden gehen stets durch die festen Punkte l und m, bilden also ein System von ∞^3 Kegelschnitten. Da es aber im Raume ∞^4 Gerade gibt, so müssen je ∞^1 Gerade denselben Bildkegelschnitt haben. Die Fläche φ besitzt außer der Regelschar der Netzstrahlen noch eine zweite Erzeugendenschar, der die Geraden L, M, G angehören. Diese Geraden der zweiten Schar sind es, die daselbe Bild G' haben, da durch sie dieselben Netzstrahlen hindurchgehen. Bewegt man G innerhalb der zweiten Schar auf φ, so bewegt sich ihr Spurpunkt g auf G'; anderseits ist jetzt G durch G' und einen auf G' liegenden Spurpunkt g vollkommen bestimmt. Wir nennen den Inbegriff eines Kegelschnittes und eines darauf liegenden Punktes einen befestigten Kegelschnitt. Durch die Netzprojektion werden die Geraden G auf die durch zwei feste Punkte gehenden befestigten Kegelschnitte $(G'g)$ abgebildet.

Wir wenden uns jetzt den Abbildungsgleichungen

$$\begin{aligned} b\,\xi - z\,\eta - b\,x &= 0 \\ z\,\xi + b\,\eta - b\,y &= 0 \end{aligned} \tag{3}$$

zu, die ja ein spezieller Fall von (1) sind. Dabei treffen wir die Festsetzung, daß die xy-Ebene des räumlichen Koordinatensystems mit Π zusammenfällt und dort die Werte x, y für die Bildpunkte mit ξ, η bezeichnet werden sollen; b ist eine positive Konstante.

Man erkennt, daß die Abbildung (3) gegen Drehungen um die z-Achse unempfindlich ist, das heißt, die Raumfiguren, die durch eine Drehung um die z-Achse Z auseinander hervorgehen, haben Bilder, die durch dieselbe Drehung um den Ursprung o auseinander hervorgehen. Wenn man nämlich auf (3) die Formeln für eine Drehung um Z um den Winkel ϑ anwendet:

$$\begin{aligned} x &= x'\cos\vartheta - y'\sin\vartheta \\ y &= x'\sin\vartheta + y'\cos\vartheta \end{aligned} \quad\Bigg|\quad z = z' \quad\Bigg|\quad \begin{aligned} \xi &= \xi'\cos\vartheta - \eta'\sin\vartheta \\ \eta &= \xi'\sin\vartheta + \eta'\cos\vartheta, \end{aligned}$$

so erhält man:

$$\begin{aligned} (b\,\xi' - z'\,\eta' - b\,x')\cos\vartheta - (z'\,\xi' + b\,\eta' - b\,y')\sin\vartheta &= 0 \\ (b\,\xi' - z'\,\eta' - b\,x')\sin\vartheta + (z'\,\xi' + b\,\eta' - b\,y')\cos\vartheta &= 0, \end{aligned}$$

und nach Elimination der ersten bzw. zweiten Glieder dieselben Gleichungen wie (3).

Durch die Annahme eines Bildpunktes p' (ξ, η) wird ein Strahl P des Netzes $\mathfrak{S}$ bestimmt, von dem die Gleichungen (3) die orthogonalen Projektionen auf die xz-, bzw. yz-Ebene wiedergeben. Außerdem ist der Spurpunkt von P $(z = 0)$ der Bildpunkt p' selbst. Nimmt man für p' alle Lagen in Π an, so gibt die erste der Gleichungen (3) alle Ebenen parallel zur y-Achse, o_1 ist also als Träger dieses Ebenenbündels der uneigentliche Punkt dieser Achse. Ebenso ist o_2 der unendlich ferne Punkt der x-Achse. Nimmt man p' selbst uneigentlich in Π an, so daß $\xi = \eta = \infty$ wird, aber das Verhältnis $\frac{\eta}{\xi} = \varkappa$ gesetzt werden kann, so erhält man die zusammengehörigen Ebenen aus (3):

$$\begin{aligned} b - \varkappa z &= 0 \\ z + b\varkappa &= 0. \end{aligned} \tag{4}$$

Es entsprechen also den zu Π parallelen Ebenen von o_1 ebensolche Ebenen von o_2, ihre bezüglichen Abstände von Π sind $\frac{b}{\varkappa}$ und $-b\varkappa$. Es gehört also die uneigentliche Gerade O von Π den beiden Bündeln als selbstentsprechende Gerade an, wir haben also den Fall vor uns, wo $\mathfrak{S}$ ein Strahlnetz wird. Die beiden Doppelebenen λ und μ erhält man durch Gleichsetzen der beiden Abstände:

$$\frac{b}{\varkappa} = -b\varkappa,$$

woraus sich $\varkappa = \pm\sqrt{-1} = \pm i$ ergibt. Diese Ebenen haben daher nach (4) die Gleichungen:

$$\begin{aligned} \lambda &\equiv z = +bi \\ \mu &\equiv z = -bi. \end{aligned}$$

Die Brennlinien (L in λ, M in μ) findet man am einfachsten, wenn man einen beliebigen Netzstrahl (3) mit λ und μ zum Schnitt bringt. Führt man z. B. $z = bi$ in (3) ein und rechnet x und y aus, so erhält man

$$\begin{aligned} x &= \xi - i\eta \\ y &= i\xi + \eta; \end{aligned}$$

das Verhältnis $\frac{y}{x} = i$ ist also unabhängig von ξ und η. Man erhält daher die Gleichungen der Brennlinien:

$$L\begin{cases} y = ix \\ z = bi \end{cases} \qquad M\begin{cases} y = -ix \\ z = -bi; \end{cases} \tag{5}$$

Wir haben also den Fall, wo das Netz $\mathfrak{S}$, obzwar es aus reellen Strahlen besteht, zwei imaginäre Brennlinien hat. Da die ganze Abbildung bei einer Drehung um Z ungeändert bleibt, so muß auch $\mathfrak{S}$ durch eine solche Bewegung in sich übergehen, das heißt, jeder Strahl ändert dabei wohl seine Lage, bleibt aber innerhalb $\mathfrak{S}$; wir nennen ein solches Netz ein Drehnetz (Rotationsnetz). Die Schnittpunkte l und m von L und M mit Π sind die absoluten Kreispunkte von Π, das sind jene uneigentlichen Punkte, deren Richtungen durch die Richtungskoeffizienten $\pm i$ angegeben werden; jeder Kegelschnitt durch l und m ist ein Kreis. L und M sind Minimalgerade, das sind jene Geraden, die den absoluten Kugelkreis, auf dem l und m liegen, schneiden. Die Punkte l und m sind die einzigen, die außerhalb Z bei der Drehung um Z in Ruhe bleiben und daher ist es auch erklärlich, daß das Netz dabei in sich selbst übergeht; es bleiben ja seine Brennstrahlen fest. Wir nennen Z den Hauptstrahl von $\mathfrak{S}$, Π die Mittelebene und o den Mittelpunkt, die Zahl b den Parameter des Drehnetzes. Jetzt können wir die Gleichungen (3) geometrisch einfach erklären: Diese Abbildung projiziert die Raumpunkte mit Hilfe eines Drehnetzes auf seine Mittelebene.

Obwohl $\mathfrak{S}$ durch die Brennstrahlen (5) analytisch vollkommen bestimmt ist, so bleibt doch diese Herstellung wegen Zuhilfenahme des Imaginären unanschaulich. Zur besseren Veranschaulichung nehmen wir zwei zu Π parallele, reelle Ebenen α $(z=b)$ und β $(z=-b)$ an und untersuchen, in welcher Beziehung zwei Punkte p_1 (x_1, y_1, b) und p_2 $(x_2, y_2, -b)$ dieser Ebenen zueinanderstehen, wenn sie denselben Bildpunkt p' (ξ, η) haben, also auf einem Netzstrahl P liegen.

Zu diesem Zwecke führen wir die Koordinaten von p_1 und p_2 in (3) ein:

$$\begin{aligned} \xi - \eta - x_1 &= 0 \\ \xi + \eta - y_1 &= 0 \\ \xi + \eta - x_2 &= 0 \\ -\xi + \eta - y_2 &= 0 \end{aligned}$$

und erhalten nach Elimination von ξ und η:

$$\begin{aligned} x_1 &= -y_2 \\ y_1 &= x_2. \end{aligned}$$

Das sind aber die Transformationsformeln für eine positive Drehung um 90^0, wenn die positive Drehungsrichtung im Sinne der kürzesten Drehung der positiven x-Achse in die positive y-Achse definiert ist. [Das Koordinatensystem (x, y, z) ist als

Rechtssystem gedacht, das heißt die positive Drehung in der xy-Ebene geht, von der positiven z-Achse aus gesehen, in der entgegengesetzten Richtung zur Uhrzeigerbewegung vor sich.] Das Punktfeld α geht aus β hervor, wenn man β im positiven Sinne um 90^0 um Z dreht und dann in der positiven z-Richtung um die Strecke $2\,b$ verschiebt. Die Gesamtheit der Verbindungsgeraden entsprechender Punkte von α und β (das Erzeugnis dieser Punktfelder) ist das Netz $\mathfrak{S}$.

Darnach kann man sich leicht ein Modell eines Drehnetzes herstellen. Man befestige an einem Stabe Z zwei darauf senkrechte Platten α und β so, daß sie parallel zu sich selbst längs Z verschiebbar und um Z drehbar sind. Stellt man nun Z lotrecht und befestigt in einer Anzahl von Punkten der oberen Platte α Fadenlote, die frei hängend durch Löcher der Platte β gehen und verdreht die Platten gegeneinander um 90^0, so bilden die gespannten Fäden zwischen α und β ein Drehnetz. Durch Änderung des Abstandes zwischen α und β erhält man Drehnetze von verschiedenen Parametern. Erfolgt die Drehung der Platten gegeneinander um einen beliebigen Winkel, so ergibt sich, wie leicht einzusehen ist, ebenfalls ein Drehnetz.

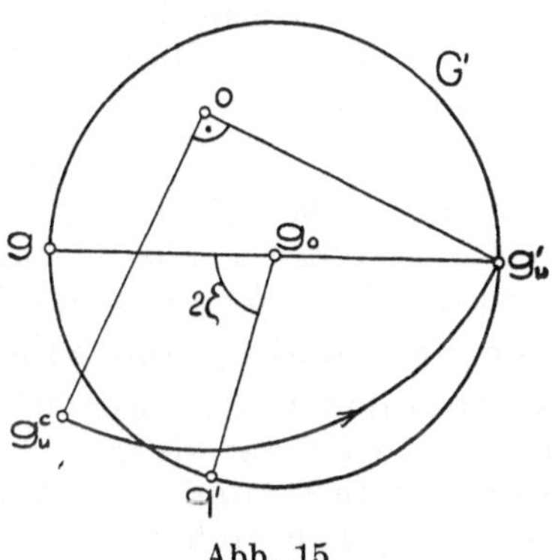

Abb. 15

Wir gehen jetzt auf die Netzprojektion näher ein, indem wir das Bild G' einer Geraden G, die $\mathfrak{S}$ nicht angehört, untersuchen. Da eine Drehung von G um Z an der Abbildung nichts ändert, sondern nur eine entsprechende Drehung des Bildes in Π hervorruft, so können wir G z. B. parallel zur xz-Ebene annehmen. Die Gleichungen seien dann für

$$G\begin{cases} x = r\,z + \varrho \\ y = \sigma. \end{cases}$$

Der Spurpunkt von G ist $g\ (\varrho, \sigma)$; das Bild G' erhält man, wenn man die Werte für x und y in (3) einsetzt und z eliminiert. Dadurch bekommt man (Abb. 15) den Kreis

$$G' \equiv \xi^2 + \eta^2 - \varrho\,\xi - (\sigma - br)\,\eta - br\sigma = 0,$$

auf welchem naturgemäß g liegt. **Das Bild einer Geraden G ist also ein befestigter Kreis** $(G'\,g)$. Der Mittelpunkt g_0 dieses Kreises hat die Koordinaten

$$g_0\left(\frac{\varrho}{2}, \frac{\sigma - br}{2}\right).$$

Will man das Bild g'_u des uneigentlichen Punktes g_u ($x = \infty$, $z = \infty$, $\frac{x}{z} = r$, $y = \sigma$) haben, so erhält man durch Einsetzen in (3):

$$g'_u \ (0, -br).$$

Der Netzriß des uneigentlichen Punktes einer Geraden (Netzfluchtpunkt) und der Spurpunkt sind diametrale Punkte auf ihrem Bildkreise, wie sich aus den Koordinaten von g, g_0 und g'_u ergibt.

Wir wollen jetzt noch zu dem Netzriß von G ihre Zentralprojektion aus einem Augpunkte a $(0, 0, b)$ hinzunehmen. Der Spurpunkt g von G bleibt derselbe, der Fluchtpunkt g_u^c wird erhalten, wenn man durch a die Parallele zu G zieht und diese mit Π zum Schnitt bringt. Eine einfache Rechnung ergibt die Koordinaten von

$$g_u^c\,(-br, 0),$$

und zeigt, daß g'_u aus g_u^c durch eine positive Vierteldrehung um o hervorgeht. Zusammengefaßt erhält man also folgende Konstruktion: Wenn man in einer Zentralprojektion den Spurpunkt g und Fluchtpunkt g_u^c einer Geraden G konstruiert und g_u^c um 90^0 um o in positiver Richtung dreht, so ist der so erhaltene Punkt g'_u der Netzfluchtpunkt von G und der Bildkreis G' ist der über der Strecke $\overline{g g'_u}$ errichtete Kreis. Auf diese Art hängen Zentralprojektion und Netzriß einer Geraden zusammen und es ist die Augdistanz b zugleich der Parameter des Sehstrahlendrehnetzes.

Der Bildkreis einer Geraden G artet nur dann in eine Gerade G' aus, wenn G parallel zu Π ist. Zum Bilde G' gibt es jetzt ∞^1 Gerade im Raum, die alle parallel zu Π liegen. In diesem Falle ist also unsere Abbildung unbestimmt und man kann sich so über diese Schwierigkeit hinweghelfen, daß man G als Strahl eines Büschels betrachtet, wie noch durch die folgenden Überlegungen erhärtet wird. Der Bildkreis kann auch in einen Punkt zusammenschrumpfen; dies geschieht nur dann, wenn G ein Strahl des Netzes $\mathfrak{S}$ ist. g und g'_u fallen zusammen, g_u^c geht also durch eine negative Vierteldrehung aus g hervor. Die Sehstrahlen haben daher Fluchtpunkte, die durch negative Vierteldrehung um o aus den Spurpunkten hervorgehen. Damit kann man sich ebenfalls eine anschauliche Vorstellung des Netzes $\mathfrak{S}$ machen.

Wir nehmen jetzt zwei sich in einem Punkte s schneidende Gerade G $(G' g)$ und H $(H' h)$ an; ihre Verbindungsebene sei ε. Stellen wir die Geraden in einer Zentralprojektion dar, so ist die Spur E von ε als Verbindungslinie von g und h parallel zu ihrer Fluchtspur E_u^c, die durch Verbinden der Fluchtpunkte g_u^c und h_u^c entsteht. Durch positive Vierteldrehung um o entstehen aus den Fluchtpunkten die Netzfluchtpunkte g'_u und h'_u, deren Verbindungsgerade E'_u die Netzfluchtspur von ε heißen soll. E'_u und E müssen daher aufeinander normal stehen und wir sehen, daß eine Ebene durch ihre Spur und die darauf senkrechte Netzfluchtspur gegeben ist (Abb. 16). Alle Punkte von ε, die zugleich in Π liegen, haben ihre Netzrisse in E, alle uneigentlichen Punkte von ε haben die Bilder in E'_u. In ε gibt es einen einzigen Strahl P des Netzes $\mathfrak{S}$; der Bildpunkt P' von P muß der Schnittpunkt von E und E'_u sein, da P sowohl E als auch die uneigentliche Gerade E_u von ε trifft.[1]) Die in ε liegenden Geraden G und H haben ihre Spurpunkte auf E, die Netzfluchtpunkte auf E'_u, die Bildkreise G', H' gehen daher durch P'. Diese Kreise haben noch einen zweiten Schnittpunkt s', der der Netzriß des Schnittpunktes s ist. Wir sehen also, daß bei zwei sich schneidenden Geraden die Verbindungslinien der Spurpunkte und der Netzfluchtpunkte aufeinander normal stehen müssen. Stellt man die Geraden durch ihre befestigten Bildkreise dar, so kann man diesen Satz auch so formulieren: Zwei Gerade schneiden sich, wenn die Verbindungsgerade ihrer Spurpunkte durch einen Schnittpunkt der Bildkreise geht; der andere Schnittpunkt ist der Netzriß des Schnittpunktes der beiden Geraden.

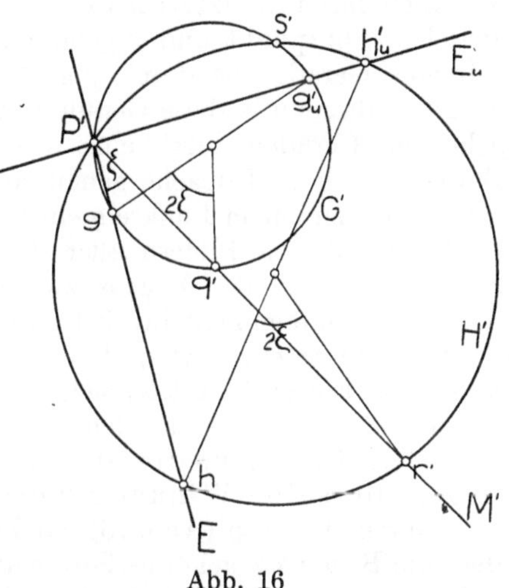

Abb. 16

[1]) Man könnte dieses Ergebnis zu einer neuen Abbildung der Ebene ε benützen, indem man sie durch E und einen darauf liegenden Punkt P' abbildet. Man erhält so eine Abbildung der Ebenen ε des Raumes auf die Linienelemente (EP') in Π.

Man kann nun beliebige, aus Geraden bestehende Figuren von ε abbilden und erhält so in Π Figuren aus Kreisen, die alle durch einen Punkt P' hindurchgehen (einem Kreisbündel angehören). Insbesondere haben die zu Π parallelen Geraden in ε (Hauptlinien) als Bilder wiederum Gerade, die durch P' gehen. Sei eine Hauptlinie M mit dem Bilde M' herausgegriffen, so sollen ihre Schnittpunkte mit G und H bzw. mit q und r bezeichnet werden. Aus der Abb. 16 ist sofort abzulesen, daß der Bogen $g\,q'$ auf G' denselben Zentriwinkel $2\,\zeta$ besitzt wie der Bogen $h\,r'$ auf H' (wegen des gemeinsamen Peripheriewinkels ζ bei P'). Legt man z. B. durch q alle möglichen Geraden in ε und sucht auf allen ihren Bildkreisen die Zentriwinkel, die zu den Bogen zwischen Spurpunkt und q' gehören, so sind sie alle gleich groß. Für eine Gerade, die durch q geht, aber außerhalb ε liegt, gilt dasselbe, da man ja diese Gerade mit einer in ε liegenden, durch q gehenden Geraden durch eine neue Ebene verbinden und den Beweis für diese Tatsache genau so wie für ε führen kann. Es gehört also zu einem Punkte q ein bestimmter Winkel $2\,\zeta$; dieser erscheint auf den Bildern aller durch q gehenden Geraden als der Zentriwinkel des Bogens zwischen Spurpunkt und q'; wir nennen den halben Zentriwinkel ζ kurz den „Winkel" des Punktes q. Alle Punkte einer Hauptlinie M in ε haben denselben Winkel und diese Eigenschaft läßt sich auf alle M schneidenden Hauptlinien anderer Ebenen ausdehnen. Damit ist also gezeigt, daß zu allen Punkten, die in einer zu Π parallelen Ebene liegen, derselbe Winkel gehört.

Durchläuft also (Abb. 15) ein Punkt q eine Gerade G, so ist der zum Bogen $g\,q'$ gehörige Peripheriewinkel ζ nur vom Abstande z des Punktes von Π abhängig. Wenn wir den Zusammenhang von ζ und z rechnerisch finden wollen, so brauchen wir nur von einer bestimmten Geraden auszugehen. Wählen wir G normal zu Π (Abb. 17), so können wir sie ansetzen:

$$x = \varrho, \quad y = 0.$$

Der Netzfluchtpunkt g'_u fällt mit o zusammen, der Spurpunkt $g\ (\varrho, 0)$ liegt auf der ξ-Achse und G' ist der über $\overline{og}$ errichtete Kreis. Hat ein Punkt q von Π den Abstand z, so erhält man aus der zweiten Gleichung von (3) für sein Bild $q'\ (\xi, \eta)$:

$$z\,\xi + b\,\eta = 0$$

oder

$$\frac{\eta}{\xi} = \operatorname{tg} \zeta = -\frac{z}{b}.$$

Dies ist die gewünschte Beziehung, welche zeigt, daß zu einem positiven (negativen) von g aus gemessenen Zentriwinkel ein

Punkt unterhalb (oberhalb) Π gehört. Für $\zeta = \pm 90^0$ erhält man den Netzfluchtpunkt.

Es ist nun von Interesse, alle Punkte in einer zu Π parallelen Ebene zu betrachten. Für diesen Fall hat man z in (3) als Konstante anzusehen und kann x und y ausrechnen:

$$x = \xi - \frac{z}{b}\eta = \xi + \eta \operatorname{tg} \zeta$$

$$y = \frac{z}{b}\xi + \eta = - \xi \operatorname{tg} \zeta + \eta.$$

Unter Verwendung des Winkels ζ kann man diese Gleichungen auch anschreiben:

$$x \cos \zeta = \xi \cos \zeta + \eta \sin \zeta$$

$$y \cos \zeta = - \xi \sin \zeta + \eta \cos \zeta.$$

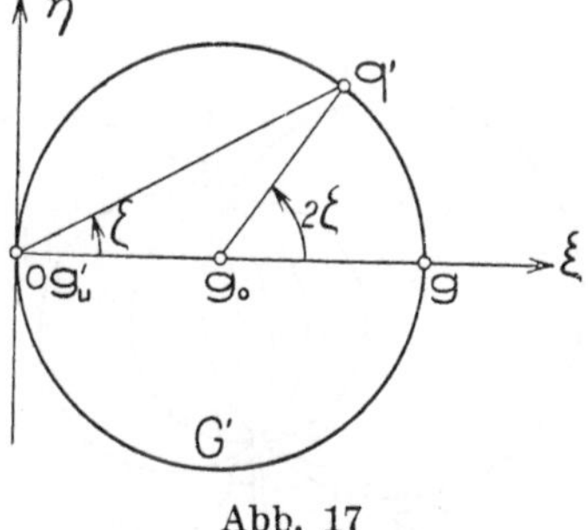

Abb. 17

Diese besagen, daß man die Grundrisse der Punkte aus ihren Bildpunkten erhält, wenn man die Bildpunkte um o um den Winkel $-\zeta$ dreht und auf diese Punkte eine zentrische Ähnlichkeitstransformation aus o mit dem Verhältnisse $\cos \zeta : 1$ (Streckung aus o) ausübt. Das Bild einer zu Π parallelen Figur ist also zu ihr ähnlich. Mithin ist man in der Lage, in einer zu Π parallelen Ebene Konstruktionen mit Hilfe der Bilder auszuführen.

Obzwar die Netzprojektion von der Darstellung des Punktes ausgeht, so ist sie doch für die Behandlung einer räumlichen Punktgeometrie wegen ihrer Unbestimmtheit weniger geeignet, außer wenn man zu jedem Bilde noch den Winkel des betreffenden Punktes dazunimmt. Einfach ist aber die Darstellung von Geraden und es liegt auf der Hand, daß eine Geometrie, welche die Gerade als Raumelement betrachtet (Strahl- oder Liniengeometrie), ihr Abbild in einer Geometrie der befestigten Kreise in Π findet. Dafür wollen wir einzelne Beispiele herausgreifen.

Das einfachste Gebilde der Liniengeometrie ist das Strahlbüschel. Wir nehmen zwei sich in s schneidende Gerade G (G' g) und H (H' h) an (Abb. 18), wobei also die Verbindungsgerade $g\,h$ durch einen Schnittpunkt P' der Bildkreise G' und H' gehen muß. Alle Strahlen des durch G und H gegebenen Büschels müssen Spurpunkte besitzen, die auf der Geraden gh liegen, während die Bildkreise stets durch P' und s' gehen müssen.

Ein Strahlbüschel bildet sich also auf solche befestigte Kreise ab, bei denen die Kreise ein Büschel bilden, während die dazugehörigen Spurpunkte gleichzeitig eine Gerade durchlaufen, die durch einen Grundpunkt des Kreisbüschels hindurchgeht. In diesem Büschel gibt es einen ausgearteten Kreis, nämlich die Gerade $P's'$; sie ist das Bild der im Strahlbüschel enthaltenen zu Π parallelen Geraden. Alle Netzfluchtpunkte beschreiben die zu gh in P' errichtete Normale.

Ein Strahlfeld besteht aus allen Geraden einer Ebene ε. Die Bilder besitzen Spurpunkte, die alle auf einer Geraden E liegen (Abb. 16), während die Kreise durch einen festen, auf E gelegenen Punkt P' gehen. Für ein Strahlfeld bilden die Bildkreise ein Kreisbündel und die dazugehörigen Spurpunkte liegen auf einer durch den Träger des Bündels gehenden Geraden.

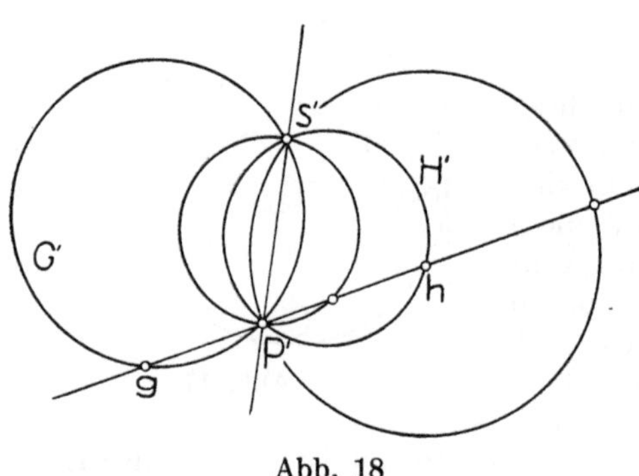

Abb. 18

Ein Strahlbündel mit dem Trägerpunkt s muß sich nun folgendermaßen abbilden: die Bildkreise gehen natürlich alle durch s', bilden also wieder ein Kreisbündel; die auf ihnen gelegenen Spurpunkte müssen aber so gewählt werden, daß der zu s gehörige Winkel überall dieselbe Größe hat. Ist also s auf einer Geraden G gewählt, so läßt sich wohl für eine beliebige andere Gerade des Bündels der Bildkreis (durch s') annehmen, der darauf liegende Spurpunkt ist aber schon bestimmt und wird gefunden, wenn man die Bedingung für das Schneiden zweier Geraden heranzieht. Sucht man für alle möglichen Lagen von G den Spurpunkt g und den Netzfluchtpunkt g'_u, so besteht zwischen dem Felde aller g und dem aller g'_u eine Verwandtschaft $g \rightarrow g'_u$. Da die g'_u durch Vierteldrehung der Fluchtpunkte g_u^c entstanden sind, die Verwandtschaft $g \rightarrow g_u^c$ aber für ein Strahlbündel eine zentrische Ähnlichkeit ist, so wird $g \rightarrow g'_u$ ebenfalls eine Ähnlichkeit, die so beschaffen ist, daß, wenn g eine Gerade beschreibt, g_u' eine dazu Normale durchläuft.

Auf die Darstellung höherer Strahlgebilde, von denen in den folgenden Abschnitten die Rede sein wird, soll hier nur hingewiesen werden. Es sei erwähnt, daß die Netzprojektion erst ihre volle Entfaltung in einer darstellenden Geometrie der linearen Strahlkomplexe findet. Ein solcher Komplex bildet sich dann durch einen Kreis und einen Punkt in Π ab, wobei aber diese Elemente i. A. nicht mehr vereinigt liegen. Es findet hier also eine Verallgemeinerung der befestigten Kreise zu Punkt-Kreis-Elementen statt.

In der Netzprojektion lassen sich auch die Maßaufgaben in einfacher Weise durchführen. Genau so, wie in der Perspektive die Maßaufgaben mittels der Fluchtelemente unter Hinzuziehung des Distanzkreises behandelt werden, können hier die Netzfluchtelemente herangezogen werden, da die Netzrisse der uneigentlichen Punkte aus ihren perspektiven Bildern durch Vierteldrehung um o hervorgehen. Dieses Verfahren, bei dem also der Distanzkreis gegeben sein muß, soll an der folgenden Aufgabe gezeigt werden.

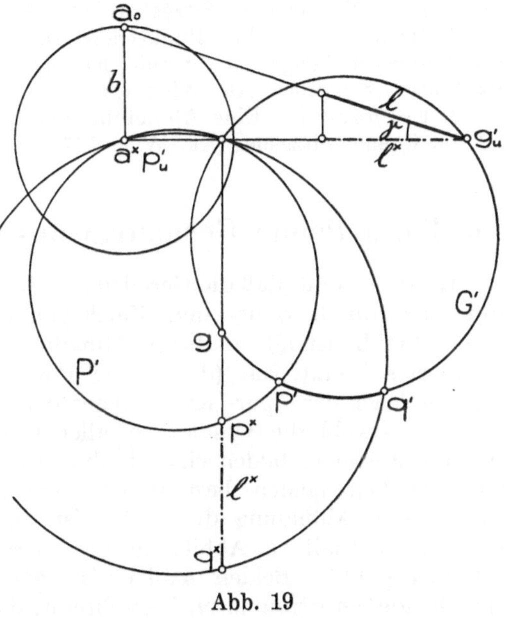

Abb. 19

Auf einer Geraden G $(G'g)$ sind die Punkte p und q durch ihre Bilder gegeben; es soll die Länge l der Strecke $\overline{pq}$ bestimmt werden (Abb. 19). Hiezu sei der Distanzkreis mit dem Radius b gegeben, dessen Mittelpunkt $a^\times$ der Grundriß des Augpunktes a $(0, 0, b)$ ist. Wir bestimmen die Grundrisse $p^\times$, $q^\times$ der Punkte p und q, ferner den Neigungswinkel γ von G mit Π und können l aus den Stücken $l^\times = \overline{p^\times q^\times}$ und γ finden. Wenn man beachtet, daß die vom Augpunkte a nach g'_u gezogene Gerade denselben

Neigungswinkel wie G haben muß, so läßt sich γ durch Umlegung von ag'_u um $a^\times g'_u$ konstruieren. Den Grundriß $p^\times$ von p findet man, wenn man durch p eine Normale P auf Π fällt und deren Spurpunkt $p^\times$ aufsucht. p'_u fällt mit $a^\times$ zusammen und der Bildkreis P' muß durch $a^\times$, p' und durch den Fußpunkt des von g auf $a^\times g'_u$ gezogenen Lotes gehen; auf diesem Lote liegt $p^\times$. Ebenso ergibt sich $q^\times$ und schließlich l aus $l = l^\times : \cos\gamma$.

Literatur:

1. Tuschel, L.: Über eine Schraubliniengeometrie und deren konstruktive Verwertung, Sitzgsber. Ak. Wien 120 (1911).

2. Müller, E.: Über Punkttransformationen, die die Ebenen des Raumes in kongruente gerade Konoide mit parallelen Achsen überführen, Sitzgsber. Ak. Wien 126 (1917).

3. Eckhart, L.: Eine Abbildung der linearen Strahlkomplexe auf die Ebene, Sitzgsber. Ak. Wien 127 (1918).

6. Darstellende Geometrie des Strahlraumes

Es ist bekannt, daß die Geraden des Raumes in einer Zentralprojektion durch Spur- und Fluchtpunkt abgebildet werden. Umgekehrt bestimmt in dieser Abbildung ein in Π gegebenes orientiertes Punktepaar (d. h., zwei Punkte, von welchen feststeht, welcher der Spur- und welcher der Fluchtpunkt ist) eine Gerade. Sowohl die Gesamtheit aller Geraden, wie auch alle Punktepaare in Π bilden eine vierdimensionale Mannigfaltigkeit und zwischen beiden besteht eine eineindeutige Beziehung. Eine andere Abbildung dieser Art ist die im vorhergehenden Abschnitt enthaltene Abbildung der Geraden auf Spur- und Netzfluchtpunkt. Beiden Fällen ist gemeinsam, daß, wenn eine Gerade ein Strahlbüschel beschreibt, die beiden Bildpunkte in Π je eine Gerade durchlaufen. Wir nennen eine solche Geradendarstellung linear und wollen den allgemeinsten Fall in dieser Hinsicht aufstellen.

Zu diesem Zweck ist es nötig, einige Begriffe aus der Liniengeometrie kurz zu erklären. Eine Gerade ist analytisch durch zwei lineare Gleichungen in rechtwinkligen Koordinaten x, y, z gegeben, sie ist als Schnitt der durch diese Gleichungen bestimmten Ebenen aufzufassen. Rechnet man x und y aus, so lassen sich i. A. die Geradengleichungen in der von Plücker verwendeten Form schreiben:

$$(1) \qquad \begin{aligned} x &= r\,z + \varrho \\ y &= s\,z + \sigma. \end{aligned}$$

Jede Gerade ist also durch die vier Koeffizienten r, ϱ, s, σ bestimmt, die daher als ihre Koordinaten (Strahl- oder Linienkoordinaten) zu bezeichnen sind. Die erste Gleichung (1) gibt die orthogonale Projektion auf die xz-Ebene, die zweite eine solche auf die yz-Ebene an. Die Projektion auf die xy-Ebene hat daher die Gleichung:

$$s\,x - r\,y + (r\,\sigma - s\,\varrho) = 0.$$

Hier tritt ein neuer Koeffizient $r\,\sigma - s\,\varrho$ auf, den wir als überzählige Koordinate η zu den übrigen hinzufügen. Zwischen den fünf Koordinaten $r, \varrho, s, \sigma, \eta$ muß die Gleichung gelten:

$$\eta = r\,\sigma - s\,\varrho. \tag{2}$$

Wir bezeichnen diese fünf Koordinaten, zwischen welchen also eine quadratische Beziehung besteht, als l i n e a r e Koordinaten, weil sie sich bei einer projektiven Raumtransformation linear verändern, was nicht der Fall ist, wenn wir r, ϱ, s, σ allein betrachten. Von den fünf Koordinaten gehen wir in der üblichen Weise zu sechs h o m o g e n e n Koordinaten über, indem wir setzen:

$$r = \frac{p_1}{p_3},\quad \varrho = -\frac{p_5}{p_3},\quad s = \frac{p_2}{p_3},\quad \sigma = \frac{p_4}{p_3},\quad \eta = -\frac{p_6}{p_3}.$$

Die sechs Zahlen $p_1, p_2, \ldots p_6$ sind nun rechtwinklige, homogene Linienkoordinaten. Eine Gerade ist also durch die Verhältniszahlen $p_1 : p_2 : \ldots : p_6$, die alle endlich sein müssen und nicht alle gleichzeitig Null werden dürfen, dann bestimmt, wenn diese der aus (2) folgenden Bedingung genügen:

$$\omega\,(p) \equiv p_1\,p_4 + p_2\,p_5 + p_3\,p_6 = 0. \tag{3}$$

Mit diesen Koordinaten läßt sich die Liniengeometrie in eleganter Weise behandeln und sie haben den Vorteil, daß man sich die Raumverhältnisse jederzeit leicht klarmachen kann, da sie aus den in rechtwinkligen Punktkoordinaten angesetzten Geradengleichungen hervorgehen. Diese Gleichungen (1) lassen sich mit diesen Koordinaten schreiben:

$$\begin{aligned} p_3\,x &= p_1\,z - p_5 \\ p_3\,y &= p_2\,z + p_4 \\ (p_2\,x &- p_1\,y = p_6). \end{aligned} \tag{4}$$

Zwei Gerade mit den Koordinaten p_i und q_i $(i = 1, 2, \ldots 6)$ schneiden sich, wenn außer den notwendigen Beziehungen $\omega\,(p) = 0$ und $\omega\,(q) = 0$ noch die bilineare Gleichung besteht:

$$\omega\,(p\,q) \equiv p_4\,q_1 + p_5\,q_2 + p_6\,q_3 + p_1\,q_4 + p_2\,q_5 + p_3\,q_6 = 0. \tag{5}$$

Sind $a_1, a_2 \ldots a_6$ irgendwelche endliche Zahlen ohne Einschränkung, so stellt die lineare Form

$$\omega\,(a\,q) = 0 \tag{6}$$

ein aus ∞^3 Strahlen bestehendes Gebilde dar, welches linearer Strahlkomplex oder Strahlgewinde genannt wird. Erfüllen die Koeffizienten a_i in (6) auch noch die Bedingung $\omega(a) = 0$, dann können sie als Koordinaten einer Geraden A gedeutet werden und der Strahlkomplex besteht nach (5) aus allen Geraden, die A treffen; wir erhalten ein spezielles Strahlgewinde oder ein Strahlgebüsch.

Zwei Gleichungen in Linienkoordinaten von der Form (6) definieren das aus ∞^2 Geraden bestehende Strahlnetz, drei solche Gleichungen eine Regelschar, welche i. A. eine Erzeugendenschar einer Fläche zweiter Ordnung ist.

Wir wollen nun die allgemeinste lineare Abbildung der Geraden auf die orientierten Punktepaare in Π analytisch ansetzen. Ist eine Gerade $G(p_1 : p_2 : \ldots : p_6)$ auf irgend ein rechtwinkliges System (x, y, z) bezogen, sind ferner die Bildpunkte $g'(\xi', \eta')$ und $g''(\xi'', \eta'')$ in einem rechtwinkligen System $(\xi\ \eta)$ in Π enthalten, so lauten die Abbildungsgleichungen:

$$(7)\qquad \xi' = \frac{\omega(a\,p)}{\omega(c\,p)} \qquad \xi'' = \frac{\omega(a\,p)}{\omega(\gamma\,p)}$$
$$\eta' = \frac{\omega(b\,p)}{\omega(c\,p)} \qquad \eta'' = \frac{\omega(\beta\,p)}{\omega(\gamma\,p)}.$$

Eine Untersuchung dieser Abbildung, die hier nicht durchgeführt werden kann, liefert den folgenden geometrischen Zusammenhang. Gegeben ist eine Regelschar $\mathfrak{R}_1$ als eine Erzeugendenschar einer Fläche zweiter Ordnung Φ_1 (Abb. 20) und eine beliebige Ebene Π_1, welche Φ_1 nach dem Kegelschnitt K_1 schneidet. Eine Gerade G trifft Φ_1 in den Punkten p und q, durch welche je ein Strahl S und T von $\mathfrak{R}_1$ geht; deren Schnittpunkte s und t mit Π_1 liefern eine Gerade G_1. Denkt man sich weiter eine Korrelation $\Pi_1 \rightarrow \Pi$, so entspricht der Geraden G_1 ein Punkt g' in Π, welcher der erste Bildpunkt von G ist. Auf diese Art gehört zu einer beliebigen Geraden G wohl ein ganz bestimmter Punkt g', umgekehrt sind aber g' alle Geraden im Raume zugeordnet, die die Strahlen S und T der Schar $\mathfrak{R}_1$ schneiden, die also ein Strahlnetz mit den Brennlinien S, T bilden. Allen Punkten von Π entsprechen — wenn man sie als erste Bildpunkte betrachtet — ∞^2 Strahlnetze, deren Brennlinien alle möglichen Strahlenpaare in $\mathfrak{R}_1$ sind. Das zu einem Punkte g' gehörige Netz findet man, wenn man mittels der Korrelation $\Pi \rightarrow \Pi_1$ die g' entsprechende Gerade G_1 aufsucht und durch ihre Schnittpunkte mit K_1 die Strahlen legt, die $\mathfrak{R}_1$ angehören; diese sind schon die Brennlinien des zugeordneten Netzes. Diese geometrische Tatsache findet ihren Ausdruck in den linken Gleichungen von (7), wenn man darin für ξ' und η' beliebige Werte annimmt. Die rechten Gleichungen (7) führen auf einen analogen Sachverhalt, das heißt, man hat noch eine zweite Regelschar $\mathfrak{R}_2$ und eine Ebene Π_2 anzunehmen, die Gerade G genau so wie vorher auf eine Gerade G_2 in Π_2 abzubilden und schließlich G_2 mittels einer Korrelation $\Pi_2 \rightarrow \Pi$ auf den zweiten Bildpunkt g'' zu beziehen. Zu allen als zweite Bildpunkte aufgefaßten Punkten von Π gehören wieder ∞^2 Strahlnetze, deren Brennlinien je zwei Strahlen von $\mathfrak{R}_2$ sind. Nun ist die Abbildung geometrisch vollkommen bestimmt. Zu G gehören jetzt die Bildpunkte g' und g'', umgekehrt aber ist bei gegebenen Bildpunkten die Gerade G als gemeinsamer Strahl zweier Netze aufzusuchen; es gibt deren zwei, da die zwei Brennlinienpaare i. A. zwei Transversale besitzen. Zu einem orientierten Bildpunktpaare gehören also zwei Raumgeraden, die Abbildung ist somit einzweideutig.

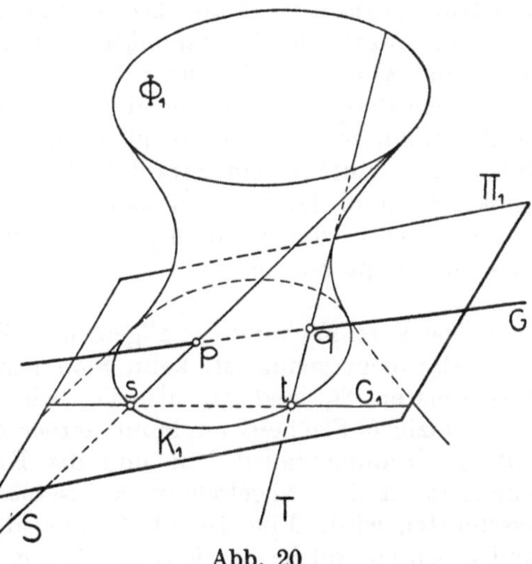

Abb. 20

Wir wollen jetzt eine Gerade G ein Strahlbüschel in einer Ebene ε durchlaufen lassen; der Schnitt von ε mit Φ_1 sei der Kegelschnitt L. Jede Gerade des Büschels trifft L in zwei Punkten, denen auf K_1 vermittels der Strahlen von $\mathfrak{R}_1$ zwei Punkte zugeordnet sind, deren Verbindungsgerade G_1 ist. Da durch die Erzeugenden einer Fläche zweiter Ordnung zwei beliebige Schnitte L und K_1 einander projektiv zugeordnet sind, so muß G_1 in Π_1 ein zum gegebenen Strahlbüschel projektives beschreiben und die ersten Bildpunkte in Π bilden wegen der Korrelation $\Pi_1 \rightarrow \Pi$ eine dazu projektive Punktreihe. Analoges kann man auch in bezug auf $\mathfrak{R}_2$ feststellen und erhält so das Ergebnis: Ein Strahlbüschel bildet sich durch zwei gerade, zu ihm projektive Bildpunktreihen ab. Damit ist gezeigt, daß die Abbildung (7) tatsächlich linear ist.

Wir betrachten nun die Geraden G eines Strahlbündels m. Diesen ∞^2 Strahlen entsprechen ∞^2 Bildpunktpaare. Zu einem beliebigen Punkt g' in Π gibt es jetzt einen einzigen Punkt g''; denn zu g' gibt es ein Netz von Raumgeraden, in diesem aber nur eine einzige Gerade durch m, welche dann den zweiten Bildpunkt g'' liefert. Den Strahlen des Bündels m oder, wenn man m als Repräsentanten des Bündels auffaßt, dem Raumpunkt m entspricht in Π eine Verwandtschaft $g' \rightarrow g''$. Diese ist aber eine Kollineation, weil einer geraden Punktreihe des ersten Feldes eine ebensolche, dazu projektive des zweiten Feldes entspricht. In diesem Sinne bilden sich also die Raumpunkte als Kollineationen in Π ab. Da es in Π aber ∞^8 Kollineationen gibt, die Anzahl der Raumpunkte aber nur ∞^3 beträgt, so sind durch die Abbildung (7) nur ∞^3 bestimmte aus allen möglichen herausgegriffen und nur eine dieser besonderen Kollineationen ergibt, wenn man entsprechende Punkte als zusammengehörige Bildpunkte auffaßt, ein Strahlbündel, das heißt, einen Raumpunkt. Es muß daher, wenn man bestimmte ∞^3 Kollineationen in Π wünscht, die Abbildung (7) spezialisiert werden, sofern dies überhaupt möglich ist.

Eine Vereinfachung des allgemeinen Falles (7), die immerhin noch allgemein genug ist, kann man herstellen, wenn man die Regelscharen $\mathfrak{R}_1$ und $\mathfrak{R}_2$ als die beiden Erzeugendenscharen einer einzigen Fläche Φ annimmt, ferner die Ebenen Π_1 und Π_2 mit Π zusammenfallen läßt und die Korrelationen durch die Polarität an dem Kegelschnitt K ersetzt, in welchem Φ von Π geschnitten wird. Eine Gerade G schneidet Φ in den Punkten p und q, durch welche die Erzeugenden S und T von $\mathfrak{R}_1$, ferner U und V von $\mathfrak{R}_2$ hindurchgehen. Zeichnet man in den Spurpunkten von S und T (U und V) die Tangenten an K, so ergibt ihr Schnittpunkt g' (g''). Wie man leicht erkennt, gehört zum Bildpunktpaar g', g'' sowohl die Gerade G, wie auch ihre reziproke Polare $\overline{G}$ bezüglich Φ. Es haben also die verschiedenen Strahlgebilde und ihre zu Φ polaren dieselben Bilder in Π. Berührt G die Fläche Φ, so liegen beide Bildpunkte auf K. Aus einem Strahlbündel m entsteht also in Π eine Kollineation $g' \rightarrow g''$, die für die Geraden durch m, die Φ berühren, alle Punkte von K wieder in solche transformiert. Die auftretenden ∞^3 Kollineationen sind also solche, welche den festen Kegelschnitt K in sich überführen (automorphe Kollineationen von K). Man bezeichnet solche Transformationen im Sinne einer nichteuklidischen Geometrie als hyperbolische Bewegungen und erhält in diesem besonderen Falle eine Abbildung der Raumpunkte auf die hyperbolischen Bewegungen in Π.

Wenn man die xy-Ebene mit der $\xi\eta$-Ebene zusammenfallen läßt, so kann als Beispiel für einen solchen Fall dienen:

$$\xi' = \frac{p_2 - p_5}{p_3 + p_6} \qquad \xi'' = \frac{-p_2 - p_5}{p_3 - p_6}$$

$$\eta' = \frac{-p_1 + p_4}{p_3 + p_6} \qquad \eta'' = \frac{p_1 + p_4}{p_3 - p_6}.$$

Hier ist dann Φ das einschalige gleichseitige Rotationshyperboloid:

$$x^2 + y^2 - z^2 = 1.$$

Literatur:

1. Eckhart, L.: S. das Verzeichnis Nr. 2 auf S. 5,
und zur Einführung in die Liniengeometrie:

2. Zindler, K.: Liniengeometrie I, Leipzig 1902 (Sammlung Schubert 34).

7. Das Zweispurenprinzip

Eine weitgehende Spezialisierung des im vorigen Abschnitte betrachteten allgemeinen Falles erhält man, wenn man jede der beiden Regelscharen $\mathfrak{R}_1$ und $\mathfrak{R}_2$ so ausarten läßt, daß $\mathfrak{R}_1$ aus zwei Strahlbüscheln s und t in einer Ebene Π_1 besteht, ebenso $\mathfrak{R}_2$ in zwei Strahlbüschel in Π_2 zerfällt. Eine beliebige Gerade S des Büschels s und eine Gerade T des Büschels t sollen die Brennstrahlen eines der ∞^2 Netze sein, die den ersten Bildpunkten in Π zugeordnet sind. Ein solches Netz besteht aus allen Transversalen von S und T, also aus allen Strahlen von Π_1 und aus einem Strahlbündel, dessen Träger der Schnittpunkt von S und T ist. Da das Strahlfeld Π_1 allen ∞^2 Netzen gemeinsam ist, so braucht man bloß die ∞^2 Strahlbündel zu betrachten, deren Trägerpunkte in Π_1 liegen. Will man daher diese Strahlbündel den ersten Bildpunkten in Π linear zuordnen, so hat man zwischen den Punkten von Π_1 und Π eine Kollineation festzulegen. Analoges macht man für Π_2. Die Abbildung ist also durch drei Ebenen Π_1, Π_2 und Π und durch die Kollineationen $\Pi_1 \rightarrow \Pi$ und $\Pi_2 \rightarrow \Pi$ bestimmt. Zur Darstellung einer Geraden G hat man zuerst ihre Spurpunkte g_1 und g_2 in Π_1 bzw. Π_2 zu bestimmen; G gehört dann einmal einem Strahlbündel mit dem Träger g_1 an, dem wegen $\Pi_1 \rightarrow \Pi$ der erste Bildpunkt g' zugeordnet ist, ferner dem

Strahlbündel g_2, dem vermöge $\Pi_2 \rightarrow \Pi$ der Punkt g'' in Π entspricht. Eine weitere Vereinfachung kann man vornehmen, indem man die allgemeinen Kollineationen $\Pi_1 \rightarrow \Pi$ und $\Pi_2 \rightarrow \Pi$ durch Perspektivitäten aus einem beliebigen Punkte o ersetzt. Dieses Verfahren nennt man wegen der Verwendung von Spurpunkten der Geraden auf zwei Ebenen (Spurebenen) das Zweispurenverfahren.

Das Zweispurenverfahren besteht also darin, daß man die Raumgeraden als Elemente auffaßt, ihre Spurpunkte mit zwei festen Ebenen Π_1 und Π_2 bestimmt und diese Punkte aus einem Augpunkte o auf die Bildebene Π projiziert (Abb. 21). Heißen die Spurpunkte von G g_1 und g_2, so sind deren Zentralbilder aus o die Bildpunkte g' und g'', die Verbindungsgerade G^c von g' und g'' ist zugleich das Zentralbild von G. Die Projektion X^c der Schnittlinie X von Π_1 und Π_2 soll kurz Achse heißen. Eine Gerade, die X schneidet, hat zusammenfallende Bildpunkte auf X^c, umgekehrt gehören zu solchen Bildpunkten alle Strahlen eines Bündels.

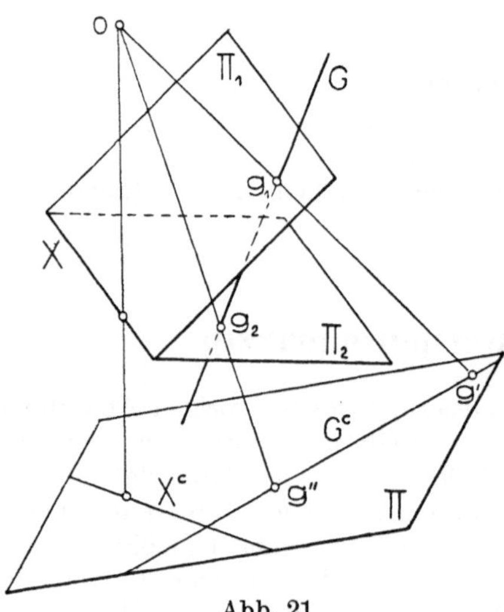

Abb. 21

Für diesen Fall ist die Abbildung unbestimmt. Solche Unbestimmtheiten treten im allgemeinen bei jeder Abbildung auf, wenn die darzustellenden Raumelemente in gewisse Beziehung zu den Gebilden kommen, die zur Annahme der Abbildung notwendig sind. Hier hilft man sich so, daß man eine solche Gerade als in einem Büschel liegend auffaßt.

Betrachtet man ein Strahlbüschel p in einer Ebene ε, so bilden die Zentralbilder aller Geraden ein Strahlbüschel mit dem Träger p^c, der die Projektion von p ist. Die Spurpunkte der Geraden liegen in den Schnittlinien E_1 und E_2 von ε mit Π_1 bzw. Π_2, die sich auf X schneiden müssen. Die Bildpunkte durchlaufen also zwei bezüglich p^c perspektive Punktreihen E' und E'', welche die Bilder von E_1 und E_2 sind; E' und E''

schneiden sich auf X^c. Wir gelangen somit zur Darstellung der Ebenen ε durch ihre Spurbilder E' und E''. Umgekehrt ist eine Ebene durch die auf X^c sich treffenden Geraden E' und E'' bestimmt; will man in der Ebene ein Strahlbüschel herausgreifen, so muß man auf E' und E'' perspektive Bildpunktreihen annehmen, wozu auch die Annahme eines Perspektivitätszentrums p^c ausreicht.

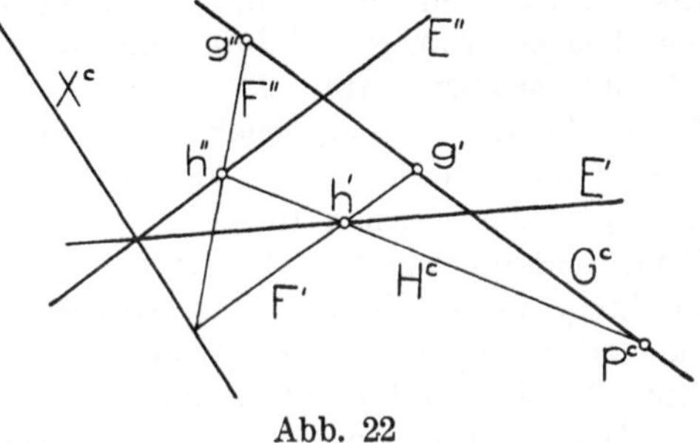

Abb. 22

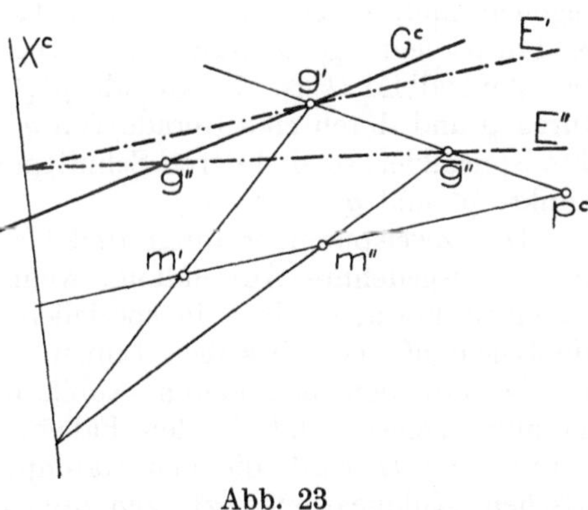

Abb. 23

Geht man zur Darstellung eines Strahlbündels p über, so ist klar, daß die Verbindungsgeraden je zweier zusammengehöriger Bildpunkte durch p^c gehen müssen, während sich zwei zugeordnete gerade Bildpunktreihen auf X^c treffen. Die Verwandtschaft $g' \rightarrow g''$ zwischen den Bildpunktfeldern ist also eine zentrische Kollineation mit dem Zentrum p^c und der Achse X^c. Die ∞^3 Raumpunkte bilden sich also auf alle zentrischen Kollineationen mit der gemeinsamen Achse X^c in Π ab. Die Annahme von p^c bestimmt eine solche Kollineation allein noch nicht, da hiezu alle Raumpunkte auf der Geraden op^c gehören können. Erst wenn noch ein entsprechendes Bildpunktpaar hinzugenommen wird, ist der auf op^c liegende Raumpunkt festgelegt.

In dieser Abbildung können nun alle Lagenaufgaben in einfacher Weise gelöst werden. Es liegt z. B. eine Gerade G in einer Ebene ε, wenn g' auf E' und g'' auf E'' liegt. Daher kann man den Schnitt zweier Ebenen finden, wenn man die Schnittpunkte der gleichnamigen Spurbilder aufsucht.

Schnittpunkt einer Geraden $G(g', g'')$ mit einer Ebene ε (E', E''). Man legt (Abb. 22) durch G eine beliebige Ebene φ (deren Spurbilder F' und F'' durch g' bzw. g'' gehen und sich auf X^c schneiden müssen) und bestimmt ihren Schnitt H (h', h'') mit ε. Das Bild p^c des gesuchten Schnittpunktes p ist der Schnitt von G^c und H^c.

Es ist durch einen Punkt p und eine Gerade G (g', g'') eine Ebene ε zu legen. p ist durch die Kollineation mit der Achse X^c und dem Zentrum p^c und durch ein entsprechendes Bildpunktpaar m', m'' gegeben (Abb. 23). Die Aufgabe läuft planimetrisch darauf hinaus, in der gegebenen zentrischen Kollineation entsprechende Gerade E', E'' zu suchen, die bezüglich durch g' und g'' gehen. Allen durch g' gehenden Geraden des ersten Feldes entsprechen Gerade durch einen Punkt $\bar{g}''$, welcher dem Punkte g' in der Kollineation zugeordnet ist. Demnach muß E'' die Verbindungsgerade von g'' und $\bar{g}''$ sein, E' ist die Verbindung ihres Schnittpunktes auf X^c mit g'.

Dann wäre noch die Aufgabe, die Verbindungsgerade G zweier Raumpunkte p und q, die durch ihre Kollineationen gegeben sind, zu behandeln, das heißt, es ist in Π das beiden Kollineationen gemeinsame Punktepaar g', g'' aufzusuchen. Das Zentralbild G^c ist die Gerade $p^c q^c$. Legt man weiter z. B. durch p und durch eine Gerade von q eine Ebene und bestimmt ihre Spurbilder, so sind deren Schnittpunkte mit G^c die gesuchten Punkte g' und g''.

Das Zweispurenverfahren findet in der darstellenden Geometrie ausgedehnte Anwendung, wenn auch nicht in der allgemeinen Form, so doch in speziellen Fällen. Immer erfordern die Lagenaufgaben dieselben Linien, während die Maßaufgaben der betreffenden besonderen Abbildung anzupassen sind. Es sei hier bemerkt, daß in den Fällen, wo X^c die uneigentliche Gerade von Π wird, die den Raumpunkten anhängenden zentrischen Kollineationen zu zentrischen Ähnlichkeiten werden.

In Verwendung stehen Abbildungen, die durch besondere Lagen von Π_1, Π_2, Π und o erhalten werden. Man läßt gewöhnlich eine Spurebene mit Π zusammenfallen, wobei die zweite Spurebene beliebig oder parallel zu Π sein kann; dabei kann das Auge ein eigentlicher Punkt oder unendlich weit sein. Es können auch die beiden Spurebenen parallel zu Π liegen.

Fällt z. B. Π_2 mit Π zusammen und denkt man sich Π lotrecht, Π_1 dagegen wagrecht, so gelangt man zu den Spurverfahren einiger linearer Abbildungen. Ist o im Endlichen, so hat man das Zweispurenprinzip im Zentralriß und -grundriß, ist o im

Unendlichen in beliebiger Richtung, so bekommt man es im Schrägriß und -grundriß; ist schließlich die Richtung des uneigentlichen Augpunktes zu Π und Π_1 unter 45^0 geneigt, so gelangt man zur gewöhnlichen Spurendarstellung von Geraden und Ebenen im Grund- und Aufriß. Für diesen letzteren Fall seien die Abbildungsgleichungen hiehergesetzt:

$$\begin{aligned} \xi' &= -\frac{p_5}{p_3} & \xi'' &= \frac{p_6}{p_2} \\ \eta' &= -\frac{p_4}{p_3} & \eta'' &= -\frac{p_4}{p_2}. \end{aligned} \tag{1}$$

Der wichtigste besondere Fall ist aber der, wo Π_1 mit Π zusammenfällt (Π horizontal gedacht), Π_2 zur uneigentlichen Ebene Ω wird und der Augpunkt o im Endlichen ist. Dann ist für eine Gerade G der erste Bildpunkt $g' = g_1$ der Spurpunkt, g_2 der uneigentliche Punkt von G und g'' sein perspektives Bild aus o. Wir haben es also mit dem Spur- und Fluchtpunktverfahren der Perspektive zu tun. Wir denken uns die xy-Ebene in Π, der Augpunkt o $(0, 0, a)$ liege auf der lotrechten Achse Z, und das (xy)-System falle mit dem $(\xi\,\eta)$-System zusammen. Dann lauten die Abbildungsgleichungen:

$$\text{Spurpunkt } g' \begin{cases} \xi' = -\dfrac{p_5}{p_3} \\ \eta' = \dfrac{p_4}{p_3} \end{cases} \qquad \text{Fluchtpunkt } g'' \begin{cases} \xi'' = -\dfrac{a p_1}{p_3} \\ \eta'' = -\dfrac{a p_2}{p_3}. \end{cases} \tag{2}$$

Sind also g' und g'' gegeben, so lassen sich die Linienkoordinaten unter Zuhilfenahme von $\omega(p) = 0$ ausrechnen:

$$\begin{gathered} p_1 = -\frac{\xi''}{a} p_3, \; p_2 = -\frac{\eta''}{a} p_3, \; p_4 = \eta' p_3, \; p_5 = -\xi' p_3, \\ p_6 = \frac{\xi''\eta' - \xi'\eta''}{a} p_3. \end{gathered} \tag{3}$$

Will man die zu einem Punkte $p(x, y, z)$ gehörige Kollineation $g' \to g''$ analytisch darstellen, so hat man die Ausdrücke (3) in die Gleichungen (4) des vorigen Abschnittes einzusetzen:

$$\begin{aligned} a\,x &= -\xi'' z + a\,\xi' \\ a\,y &= -\eta'' z + a\eta'. \end{aligned}$$

Daraus ergeben sich die Transformationsgleichungen für $g' \to g''$:

$$\begin{aligned} \xi'' &= \frac{a}{z}(\xi' - x) \\ \eta'' &= \frac{a}{z}(\eta' - y), \end{aligned}$$

das ist eine Streckung (zentrische Ähnlichkeit) mit dem Zentrum $p^c\left(\frac{a\,x}{a\text{-}z}, \frac{a\,y}{a\text{-}z}\right)$ [1]) und dem Verhältnis: $\overline{p^c\,g'} : \overline{p^c\,g''} = z : a$.

Nimmt man irgend eine Transformation

$$\xi'' = \varphi\,(\,\xi', \eta')$$
$$\eta'' = \psi\,(\,\xi', \eta')$$

zwischen den Bildpunktfeldern an, so erhält man durch Einsetzen von (2) zwei Gleichungen in Linienkoordinaten, die eine allgemeine Strahlkongruenz darstellen. Es sind also die Strahlkongruenzen auf Punktverwandtschaften in Π abgebildet, das Strahlbündel und die ihm zugeordnete zentrische Ähnlichkeit ist nur ein besonderer Fall davon.

Wenn wir eine einzige Gleichung

$$f\,(\,\xi', \eta', \,\xi'', \eta'') = 0$$

in Bildpunktkoordinaten vorgeben, so gehört zu einem g' als Ort der zugehörigen g'' eine Kurve und umgekehrt, wir haben es mit einer allgemeinen Korrelation zu tun. Führt man hier wieder die Linienkoordinaten (2) ein, so erhält man die Gleichung eines allgemeinen Strahlkomplexes. Es werden also die Strahlkomplexe auf die allgemeinen Korrelationen in Π abgebildet.

Wir wollen dies benützen, um uns auf darstellend-geometrischem Wege eine Anschauung des linearen Strahlkomplexes (Strahlgewindes) zu verschaffen. Es kann gezeigt werden, daß man die allgemeine Gleichung eines solchen Gewindes (wie sie durch (6) des vorigen Abschnittes gegeben ist) durch Bewegung desselben in eine besondere Lage auf die Form bringen kann:

$$k\,p_3 + p_6 = 0;$$

k nennt man den Parameter des Gewindes. Die Bedingung für die Bildpunkte aller Strahlen des Gewindes erhält man durch Einsetzen der Koordinaten (3):

(4) $$\xi'\,\eta'' - \xi''\,\eta' = a\,k.$$

Ist also $G\,(g', g'')$ ein Gewindestrahl, so bedeutet diese Gleichung, daß der doppelte Flächeninhalt des mit Vorzeichen genommenen Dreieckes $o\,g'g''$ stets konstant, nämlich $a k$ ist. Stellt man sich die Strecke $\overline{g'\,g''}$ als eine Kraft mit dem Angriffspunkt g' und der Richtung $\overrightarrow{g'\,g''}$ vor, so hat sie bezüglich des Ursprunges das Drehmoment $a\,k$. Wir bezeichnen eine feste, mit einer Richtung versehene Strecke als Pfeil und stellen die Gerade G durch den Pfeil $\overrightarrow{g'\,g''}$ dar, von dem g' der Anfangs- und g'' der Endpunkt

[1]) Vgl. das Beispiel auf S. 4.

ist. Unter dem Moment eines solchen Pfeiles verstehen wir das Produkt aus der Länge des Pfeiles und aus seinem Abstande von o; das Moment ist positiv (negativ), wenn der Pfeil (als Kraft betrachtet) der in o festgehaltenen Ebene Π eine Drehung in positiver (negativer) Richtung erteilt. Da $a > 0$ angenommen ist, so müssen alle Pfeile, die zu dem Komplex gehören, bei $k > 0$ ($k < 0$) positive (negative) Drehmomente besitzen, das heißt o muß immer links (rechts) liegen, wenn man den Pfeil in seiner Richtung durchläuft, oder genauer, das Dreieck $og'g''$ muß positiven (negativen) Umlaufsinn besitzen. Zusammenfassend erhalten wir: *Die Strahlen des Gewindes* (4) *bilden sich in* Π *als Pfeile mit konstantem Moment bezüglich* o *ab*. Ist z. B. $k > 0$, so liegt jede Gerade G im Raume so, daß man — in der positiven Achse Z auf Π aufrecht stehend — den Verlauf eines Punktes auf G von oben nach unten verfolgend, diese Bewegung von rechts nach links vor sich gehen sieht. In diesem Falle nennt man G gegen Z linksgewunden und spricht von einem *linksgewundenen* Komplex. Bei $k < 0$ sind die Verhältnisse umgekehrt, der Komplex ist *rechtsgewunden*.

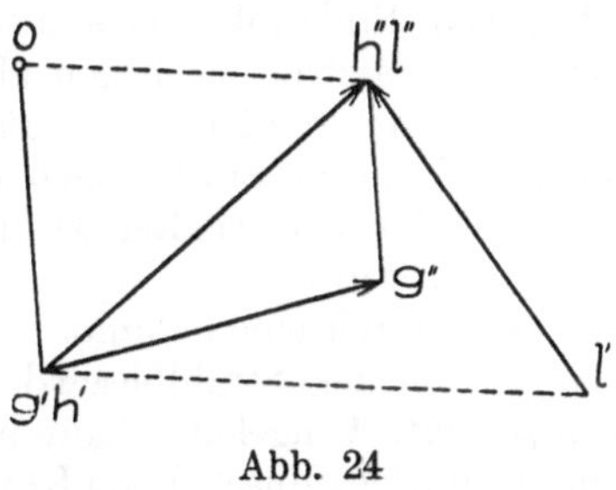

Abb. 24

Jetzt können wir uns ein Bild von der Verteilung der Strahlen im Gewinde machen. Vor allem ist klar, daß bei festgehaltenem g' die dazugehörigen g'' sich auf einer Parallelen zu og' bewegen dürfen, da dadurch der Flächeninhalt $og'g''$ nicht geändert wird (Abb. 24). Eine solche neue Lage sei $\overrightarrow{h'h''}$; ferner läßt sich bei festgehaltenem Fluchtpunkt h'' der Spurpunkt h' in einer Parallelen zu oh'' verschieben, wobei z. B. $\overrightarrow{l'\,l''}$ entsteht. Auch kann man jeden Pfeil in seiner Geraden beliebig verschieben, ferner um o drehen, so daß man mit Hilfe dieser Sätze aus einem gegebenen Pfeil $\overrightarrow{g'\,g''}$, durch welchen ja das Gewinde schon bestimmt ist, alle möglichen ∞^3 Pfeile konstruieren kann. Insbesondere kann man jetzt denjenigen Pfeil leicht finden, der auf einer gegebenen Geraden liegen soll.

Da die Gesamtheit aller Pfeile sich bei einer Drehung um o nicht ändert, so kann man daraus schließen, daß sich das Gewinde bei einer Drehung um Z (Achse des Gewindes) nicht ändert.

Bewegt man bei festem g'' den Spurpunkt g' auf der Parallelen zu $o\,g''$, so gehören zu diesen ∞^1 Pfeilen Gerade, die zueinander parallel sind und übereinander liegen, das heißt, denselben Grundriß besitzen. Das Gewinde geht also durch eine Parallelverschiebung längs Z ebenfalls in sich über. Die Zusammensetzung von Drehungen um Z mit Translationen längs Z ergibt alle möglichen Bewegungen, die Z in Ruhe lassen; das Gewinde ist also gegen Bewegungen um Z (z. B. Schraubungen) unempfindlich.

Wir fragen jetzt nach allen Gewindestrahlen, die durch einen Raumpunkt p gehen. Verschiebt man p lotrecht nach Π, so kann man untersuchen, was die Gesamtheit aller durch den Grundriß $\overline{p}$ von p gehenden Strahlen ausmacht und dann das so erhaltene Gebilde wieder nach p zurückbringen. Alle Komplexstrahlen durch $\overline{p}$ werden durch Pfeile dargestellt, deren Anfangspunkt $\overline{p}$ ist, deren Endpunkte sich also auf einer zu $o\overline{p}$ Parallelen E'' befinden müssen. Sie liegen also in einer Ebene ε, von der E'' die Fluchtspur und $E' = o\,\overline{p}$ die Spur ist. Die zu allen Punkten, die aus $\overline{p}$ durch Bewegungen um Z hervorgehen, auf diese Art gehörigen Ebenen erhalten wir durch die entsprechenden Bewegungen von ε um Z.

Alle durch einen Punkt p gehenden Komplexstrahlen bilden also ein ebenes Strahlbüschel, dessen Ebene ε die Nullebene von p heißt. Umgekehrt kann man zeigen, daß es in einer Ebene ε nur ein einziges Büschel von Komplexstrahlen gibt, dessen Träger p der Nullpunkt von ε ist; man braucht dazu nur ε längs Z so zu verschieben, daß ihre Spur durch o geht, und die in dieser Ebene liegenden Strahlen zu untersuchen. Es ist also durch das Gewinde jedem Punkte eine durch ihn gehende Ebene und umgekehrt jeder Ebene ein in ihr liegender Punkt eindeutig zugeordnet; wir nennen diese Reziprozität in vereinigter Lage ein Nullsystem.

Man kann jetzt darnach fragen, was mit einer Nullebene ε geschieht, wenn sich der dazugehörige Punkt p auf einer Geraden P bewegt. Wir hätten zwei solche Lagen p und p_1 (Abb. 25) und die Nullebenen seien ε und ε_1, die sich in $\overline{P}$ schneiden. Nimmt man auf $\overline{P}$ einen Punkt $\overline{p}$ an, so muß seine Nullebene durch P gehen, weil ja $\overline{p}\,p$ und $\overline{p}\,p_1$ bereits zwei durch $\overline{p}$ gehende Komplexstrahlen sind. Bewegt sich also ein Punkt auf $\overline{P}$, so geht seine Nullebene stets durch P; ebenso gehen, wie sofort ersichtlich, die Nullebenen der Punkte von P durch $\overline{P}$. Es ist also jeder Geraden durch das Nullsystem eine bestimmte Gerade zugeordnet und umgekehrt; zwei solche Gerade heißen reziproke Polaren. Alle Geraden des Raumes sind also hiemit paarweise geordnet; diejenigen Geraden, welche mit ihren reziproken Polaren zusammenfallen, sind die Komplexstrahlen.

Wir wollen die Untersuchung des Gewindes mit Hilfe der Pfeile nicht weiter fortsetzen und nur mehr eine Aufgabe lösen, welche die Verwendbarkeit dieser Abbildung zeigt. Es sei ein Strahlgewinde durch o und den Pfeil $\overrightarrow{g' g''}$ eines Komplexstrahles gegeben, ferner eine beliebige Gerade P (p', p''); es soll die reziproke Polare $\bar{P}$ aufgesucht werden (Abb. 26). Im Prinzip hat man auf P zwei Punkte anzunehmen (wir wählen hiezu den Spurpunkt und den uneigentlichen Punkt), die dazugehörigen Nullebenen aufzusuchen und zum Schnitt zu bringen. Zuerst suchen wir einen zum Komplex gehörigen Pfeil, der auf der Geraden $P^e = p' p''$ liegt; wir erhalten so $\overrightarrow{h' h''}$ mittels der eingangs gemachten Überlegungen. Verschieben wir $\overrightarrow{h' h''}$ auf P^e so, daß der Anfangspunkt auf p' fällt, so ist der so erhaltene Pfeil $\overrightarrow{k' k''}$ das Bild eines Komplexstrahles durch den Spurpunkt von P. Alle Komplexstrahlen durch diesen Punkt liegen in einer Ebene ε, deren Spur $E' = ok'$ ist, während ihre Fluchtspur E'' dazu parallel durch k'' geht. Verschieben wir weiter $\overrightarrow{h' h''}$ auf P^e so, daß der Endpunkt mit p'' zusammenfällt,

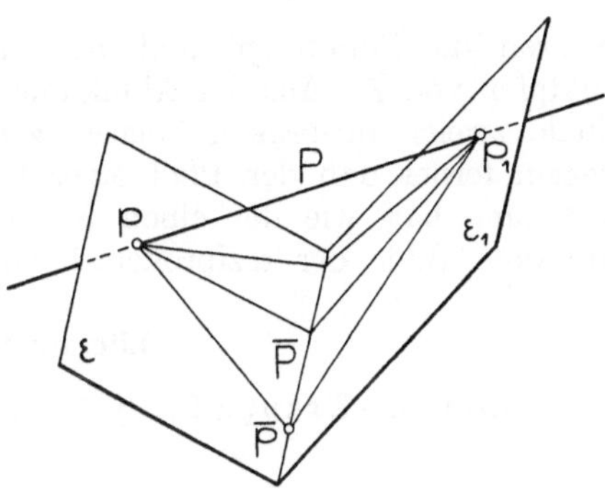

Abb. 25

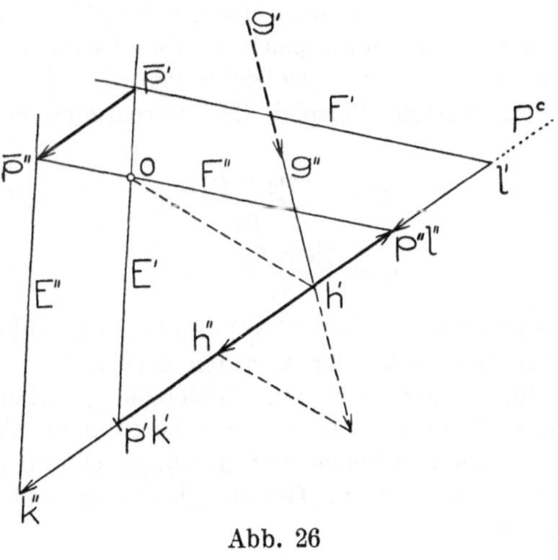

Abb. 26

so erhält man das Bild $\overrightarrow{l'l''}$ eines Komplexstrahles durch den uneigentlichen Punkt von P. Seine Nullebene φ hat als Fluchtspur $F'' = o\,l''$ und als Spur die Parallele F' durch l'. Die Schnittgerade von ε und φ ist $\overline{P}$, daher liefern die gleichbezeichneten Spuren die Punkte $\overline{p'}$ und $\overline{p''}$ und $\overrightarrow{\overline{p'}\,\overline{p''}}$ ist der gesuchte Bildpfeil von $\overline{P}$. Aus der Abbildung erkennt man, daß die Bildpfeile zweier reziproken Polaren zentrisch ähnlich bezüglich o liegen, ferner daß der Pfeil einer Geraden dieselbe Länge und Richtung hat wie der einen Komplexstrahl darstellende Pfeil auf dem Bilde der reziproken Polaren.

Literatur:

Müller E.-Kruppa E.: S. Nr. 11 des Verzeichnisses auf S. 15.

8. Die kinematische Abbildung

Eine interessante lineare Abbildung der Geraden auf die orientierten Punktepaare in der Ebene erhalten wir durch die folgenden Abbildungsgleichungen (das Koordinatensystem ist wie beim letzten Beispiel des vorhergehenden Abschnittes angenommen):

$$\xi' = -\frac{p_2 + p_5}{p_3} \qquad \xi'' = \frac{p_2 - p_5}{p_3} \tag{1}$$
$$\eta' = \frac{p_1 + p_4}{p_3} \qquad \eta'' = -\frac{p_1 - p_4}{p_3}.$$

Wir wollen jetzt g' (ξ', η') den **linken** und g'' (ξ'', η'') den **rechten** Bildpunkt der Geraden $G\,(p_1 : p_2 : \ldots : p_6)$ nennen. Ferner nehmen wir zwei zur Bildebene parallele Ebenen Π_1 $(z = 1)$ und Π_2 $(z = -1)$ an und bezeichnen die Spurpunkte von G auf diesen Ebenen mit $g_1\,(x_1, y_1, 1)$ und $g_2\,(x_2, y_2, -1)$. Dann ist, wenn wir die Geradengleichungen (4) auf S. 53 zugrunde legen:

$$g_1 \begin{cases} x_1 = \dfrac{p_1 - p_5}{p_3} \\[2mm] y_1 = \dfrac{p_2 + p_4}{p_3} \end{cases} \qquad g_2 \begin{cases} x_2 = -\dfrac{p_1 + p_5}{p_3} \\[2mm] y_2 = -\dfrac{p_2 - p_4}{p_3}. \end{cases} \tag{2}$$

Den Grundriß von G auf Π bezeichnen wir mit $\overline{G}$, die entsprechenden Grundrisse der Spurpunkte mit $\overline{g_1}$ (x_1, y_1) und $\overline{g_2}$ (x_2, y_2).

Die Koordinaten der Bildpunkte g', g'' lassen sich nun durch die von $\overline{g_1}$ und $\overline{g_2}$ ausdrücken, wenn man aus (1) und (2) die p_i eliminiert. Es ergibt sich:

$$\begin{aligned} \xi' &= \tfrac{1}{2}(x_1 - y_1 + x_2 + y_2) \\ \eta' &= \tfrac{1}{2}(x_1 + y_1 - x_2 + y_2) \\ \xi'' &= \tfrac{1}{2}(x_1 + y_1 + x_2 - y_2) \\ \eta'' &= \tfrac{1}{2}(-x_1 + y_1 + x_2 + y_2). \end{aligned} \tag{3}$$

Diese Gleichungen geben also eine Transformation zwischen den Bildpunktpaaren und Spurbildpaaren an. Verschiebt man (Abb. 27) das Koordinatensystem in Π so, daß der Ursprung in den Mittelpunkt

$$go\left(\frac{x_1 + x_2}{2}, \frac{y_1 + y_2}{2}\right)$$

der Strecke $\overline{g_1}\,\overline{g_2}$ fällt, so sollen die einzelnen Punkte die neuen Koordinaten $\overline{g_1}$ $(\mathfrak{x}_1, \mathfrak{y}_1)$, $\overline{g_2}$ $(\mathfrak{x}_2, \mathfrak{y}_2)$, g' $(\mathfrak{x}', \mathfrak{y}')$, g'' $(\mathfrak{x}'', \mathfrak{y}'')$ haben. Dann nehmen die Gleichungen (3) die Gestalt an:

$$\mathfrak{x}' = -\mathfrak{y}_1 \quad \mathfrak{x}'' = -\mathfrak{y}_2$$
$$\mathfrak{y}' = \mathfrak{x}_1 \quad \mathfrak{y}'' = \mathfrak{x}_2,$$

das heißt, g' geht aus $\overline{g_1}$ ebenso wie g'' aus $\overline{g_2}$ durch positive Vierteldrehung um go hervor, oder das Paar $\overline{g_1}\,\overline{g_2}$ wird um seine Mitte um einen rechten Winkel in positiver Richtung gedreht. Einen solchen Vorgang bezeichnen wir als Schwenkung eines Punktepaares. Die Gleichungen (3) definieren also eine Schwenkung in Π, das heißt eine Punktepaartransformation, bei welcher jedes Punktepaar für sich geschwenkt wird.

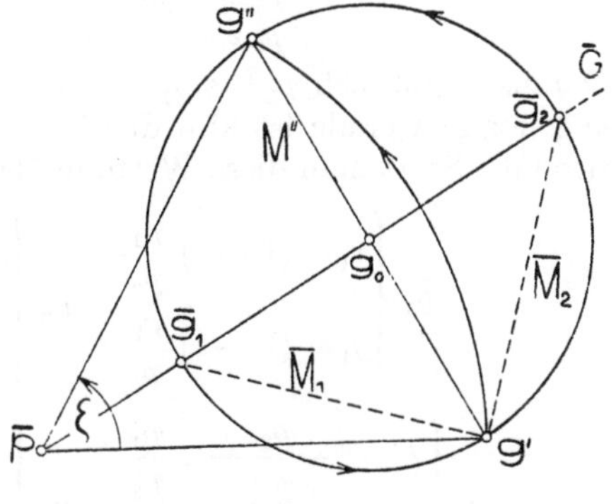

Abb. 27

Nunmehr lautet also die geometrische Erklärung der Abbildung (1): Man bestimmt die Spurpunkte einer Geraden G mit Π_1 und Π_2, sucht deren Grundrisse und übt auf diese eine Schwenkung aus; der erste Spurpunkt liefert den linken, der zweite den rechten Bildpunkt. Aus der Abb. 27 ist ersichtlich, daß der Grundriß einer Geraden die Symmetrale ihres Bildpunktpaares ist. Das Verfahren zeigt, daß die Abbildung unempfindlich ist gegen Translationen parallel zur Bildebene, ebenso gegen Drehungen um eine zu Π normale Gerade, also gegenüber allen Bewegungen parallel zu Π (die Π in sich selbst transformieren). Wenn man also eine aus Geraden bestehende

Raumfigur parallel zu Π bewegt, so bewegt sich die Bildfigur in der gleichen Weise mit. Die Abbildung ist nur vom Abstande der beiden Spurebenen Π_1 und Π_2 abhängig. Fallen die Bildpunkte zusammen, so ist die dazugehörige Gerade normal zu Π. Die zu Π Parallelen haben uneigentliche Bildpunkte, die Abbildung wird hier unbestimmt.

Wir nehmen nun einen Raumpunkt p $(0, 0, z)$ an, den wir unbeschadet der Allgemeinheit auf der z-Achse wählen können, und untersuchen die Bildpunkte aller durch ihn gehenden Geraden G. Die Koordinaten von G müssen nach den Gleichungen (4) auf S. 53 die Gleichungen erfüllen:

$$\begin{aligned} p_1 z - p_5 &= 0 \qquad (p_6 = 0). \\ p_2 z + p_4 &= 0 \end{aligned}$$

Daraus ergibt sich $p_5 = z\, p_1$ und $p_4 = -z\, p_2$; eine dem Bündel p angehörige Gerade ist also durch die Angabe von p_1 und p_2 bestimmt. Setzt man diese Werte in (1) und (2) ein, so erhält man:

$$\overline{g_1} \begin{cases} x_1 = (1-z)\dfrac{p_1}{p_3} \\ y_1 = (1-z)\dfrac{p_2}{p_3} \end{cases} \qquad \overline{g_2} \begin{cases} x_2 = -(1+z)\dfrac{p_1}{p_3} \\ y_2 = -(1+z)\dfrac{p_2}{p_3} \end{cases}$$

$$g' \begin{cases} \xi' = -\dfrac{p_2}{p_3} - z\dfrac{p_1}{p_3} \\ \eta' = \dfrac{p_1}{p_3} - z\dfrac{p_2}{p_3} \end{cases} \qquad g'' \begin{cases} \xi'' = \dfrac{p_2}{p_3} - z\dfrac{p_1}{p_3} \\ \eta'' = -\dfrac{p_1}{p_3} - z\dfrac{p_2}{p_3}. \end{cases}$$

Die Transformation $\overline{g_1} \to \overline{g_2}$ ist also, wie schon aus dem Zweispurenverfahren hervorgeht, eine Streckung mit den Gleichungen:

$$x_2 = \frac{z+1}{z-1}\, x_1, \qquad y_2 = \frac{z+1}{z-1}\, y_1. \tag{4}$$

Dagegen ist die Transformation der Bildpunktfelder $g' \to g''$, die man durch Elimination von $\dfrac{p_1}{p_3}$ und $\dfrac{p_2}{p_3}$ erhält, die folgende:

$$\begin{aligned} \xi'' &= \frac{z^2-1}{z^2+1}\,\xi' - \frac{2z}{z^2+1}\,\eta' \\ \eta'' &= \frac{2z}{z^2+1}\,\xi' + \frac{z^2-1}{z^2+1}\,\eta'. \end{aligned} \tag{5}$$

Das ist aber eine Drehung des ersten Feldes in das zweite um den Winkel ζ, wobei

$$\cos\zeta = \frac{z^2-1}{z^2+1}, \qquad \sin\zeta = \frac{2z}{z^2+1},$$

so daß man ζ auch definieren kann:

$$tg\,\frac{\zeta}{2} = \frac{1}{z} \quad (-180^0 \leq \zeta \leq 180^0). \tag{6}$$

Das Strahlbündel p bildet sich also auf die Drehung $g' \rightarrow g''$ ab, wobei der Drehungspol der Grundriß $\overline{p}$ von p ist (Abb. 27) und der halbe Drehungswinkel durch (6) angegeben wird. Wir haben die bemerkenswerte Eigenschaft erhalten, daß die Raumpunkte auf Drehungen (oder Bewegungen) in Π bezogen sind; daher der Name kinematische Abbildung[1]). Nebenbei haben wir den planimetrischen Satz gewonnen, daß eine Streckung durch Schwenkung in eine Drehung übergeht, oder ausführlicher: wenn man die entsprechenden Punktepaare einer zentrischen Ähnlichkeit jedes für sich schwenkt, so gehen die neuen Punktfelder durch eine Drehung auseinander hervor.

Es sind also den ∞^3 Raumpunkten die Bewegungen (= Drehungen) in Π zugeordnet. Hat man ein starres Punktfeld in Π und bewegt es irgendwie in eine neue Lage und faßt man die Punkte der ersten Lage als linkes, die der zweiten Lage als rechtes Punktfeld auf, so sind zusammengehörige Punkte die Bilder von Geraden eines Strahlbündels p. Da man zwei Lagen einer ebenen Bewegung im allgemeinen durch Drehung ineinander überführen kann, so gibt es einen dabei in Ruhe verbleibenden Punkt $\overline{p}$, welcher dann der Grundriß von p ist. (6) zeigt, daß den positiven (negativen) Drehungen die Punkte oberhalb (unterhalb) Π entsprechen. Im besonderen entsprechen den Punkten von

Π ($z = 0$) die Drehungen um 180^0,
Π_1 ($z = 1$) die positiven Vierteldrehungen,
Π_2 ($z = -1$) die negativen Vierteldrehungen

und dem uneigentlichen Punkte der z-Achse ($z = \infty$) die Identität. Wir wollen noch untersuchen, welche Bewegung einem uneigentlichen Punkte entspricht. Das dadurch gegebene Parallelstrahlbündel ist durch eine Gerade G schon bestimmt. Die Bildpunkte aller Strahlen des Bündels entstehen also aus g', g'' durch alle möglichen Parallelverschiebungen in Π. $g' \rightarrow g''$ ist also eine Translation, die durch einen Vektor $\overrightarrow{g'g''}$ vollkommen bestimmt

[1]) Eine solche allgemeinerer Art wurde bereits auf S. 56 betrachtet.

ist. Den uneigentlichen Punkten entsprechen die ∞^2 Translationen in Π. Eine Translation ist eine besondere Drehung, nämlich eine um einen uneigentlichen Punkt.

Für zwei sich schneidende Raumgerade G und H erkennt man sofort, daß $\overline{g'h'} = \overline{g''h''}$, da G und H einem Bündel angehören und daher $\overline{g'h'}$ durch Bewegung in $\overline{g''h''}$ übergeht. Zwei Gerade schneiden sich, wenn die Entfernung ihrer linken Bildpunkte gleich ist dem Abstande der rechten Bildpunkte.

Wir nehmen jetzt eine Transformation $g' \to g''$ als Spiegelung (= Symmetrie) bezüglich einer Achse E in Π an. Da E die gemeinsame Symmetrale eines jeden Bildpunktpaares ist, so fallen die Grundrisse der dazugehörigen Geraden stets nach E, diese selbst liegen also in einer zu Π normalen Ebene ε, mit der Spur E. Wir sagen kurz: Die zu Π normalen Ebenen (als Strahlfelder aufgefaßt) bilden sich durch Spiegelungen in Π ab.

Nun kann man nach der Transformation $g' \to g''$ fragen, die zu einem beliebig liegenden Strahlfeld ε gehört. Die Gleichung der Ebene ε kann man mit

$$z = k\,x \qquad (k = tg\,\varkappa)$$

ansetzen, wenn $\varkappa$ der Neigungswinkel von ε ist. Für alle Geraden G in ε gelten die Beziehungen:

$$p_1 = \frac{p_3}{k}, \quad p_5 = 0.$$

Nach (1) ergibt sich für die Bildpunkte

$$\xi' = -\frac{p_2}{p_3} \qquad\qquad \xi'' = \frac{p_2}{p_3}$$

$$\eta' = \frac{1}{k} + \frac{p_4}{p_3} \qquad\qquad \eta'' = -\frac{1}{k} + \frac{p_4}{p_3},$$

daher lauten die Gleichungen für $g' \to g''$:

$$\xi'' = -\xi'$$

$$\eta'' = \eta' - \frac{2}{k}.$$

Das ist aber eine Spiegelung an der η-Achse (Spur E von ε), verbunden mit einer Schiebung längs dieser Achse um die Strecke $-2\cot\varkappa$. Wir nennen eine solche Transformation eine Umlegung, weil dadurch ein Feld in ein im entgegengesetzten Sinne kongruentes übergeht. Da man leicht zeigen kann, daß zwei ungleichsinnig kongruente Felder stets durch eine Spiegelung und eine Schiebung längs der Spiegelungsachse, also durch eine

Umlegung ineinander übergehen, so folgt: *Die Ebenen des Raumes (als Strahlfelder aufgefaßt) bilden sich auf die Umlegungen in Π ab.* Ist eine Ebene normal zu Π, so entsteht die schon betrachtete Spiegelung allein.

Dieses Ergebnis führt auch auf einen planimetrischen Satz. Die Spuren von ε auf Π_1 und Π_2 seien E_1 und E_2, ihre (parallelen) Grundrisse $\bar{E}_1$ und $\bar{E}_2$. Die Spurpunktbilder aller Geraden von ε liegen bezüglich auf $\bar{E}_1$ bzw. $\bar{E}_2$. *Schwenkt man also alle Punktepaare, die auf zwei Parallelen liegen, so erhält man zwei ungleichsinnig kongruente Felder.*

Wenn man ein ebenes Strahlbüschel abbildet, so müssen die zugehörigen Bildpunktreihen (wegen der Linearität der Abbildung) gerade sein; und weil diese sowohl einer gleichsinnigen wie auch einer ungleichsinnigen Kongruenz angehören müssen, so müssen sie auch kongruent sein. *Ein Strahlbüschel bildet sich auf zwei gerade kongruente Bildpunktreihen ab.*

Betrachtet man nun im Raume Lagenbeziehungen, so ergeben diese in Π Sätze über kongruente Punktreihen und Felder. Will man in der Ebene Π Aufgaben über Bewegungen und Umlegungen lösen, so führt man sie auf den Raum zurück und löst hier die entsprechenden Aufgaben darstellend-geometrisch, z. B. mittels des mit der kinematischen Abbildung organisch verbundenen Zweispurenverfahrens. Wir wollen einige Sätze über räumliche Lagenbeziehungen und die entsprechenden für die Bildebene nebeneinanderstellen:

1.	Zwei Punkte haben eine Verbindungsgerade.	Zwei voneinander verschiedene Bewegungen haben ein Punktepaar gemeinsam (das heißt, ein bestimmter Punkt wird durch beide Bewegungen in denselben anderen Punkt übergeführt).
2.	Zwei Ebenen haben eine Schnittgerade.	Zwei Umlegungen haben ein Punktepaar gemeinsam.
3.	Eine Ebene und eine ihr nicht angehörende Gerade bestimmen einen Punkt (ein Strahlbüschel in der Ebene).	In einer Umgebung gibt es zwei entsprechende Punktreihen, die mit einem gegebenen Punktepaar zusammen einer Bewegung angehören.
4.	Durch einen Punkt und eine Gerade läßt sich eine Ebene legen (in einem Strahlbündel gibt es ein Strahlbüschel mit einer gegebenen Treffgeraden).	In einer Bewegung gibt es entsprechende gerade Punktreihen, die mit einem gegebenen Punktepaar eine Umlegung bestimmen.

5. Drei Punkte bestimmen eine Ebene (ein Dreiseit). — Die drei gemeinsamen Punktepaare dreier Bewegungen gehören einer Umlegung an (bilden zwei entgegengesetzt kongruente Dreiecke).

6. Drei Ebenen bestimmen einen Schnittpunkt. — Die drei gemeinsamen Punktepaare dreier Umlegungen gehören einer Bewegung an (bilden zwei kongruente Dreiecke).

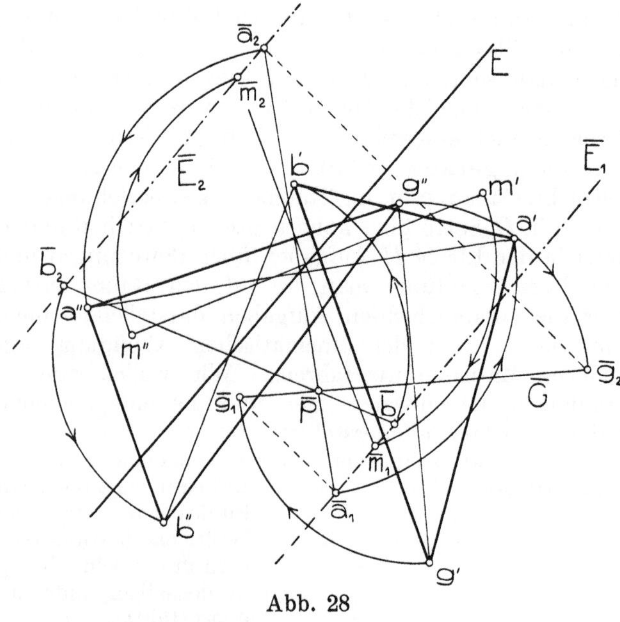

Abb. 28

Man sieht aus den angeführten Sätzen, wie der Dualität im Raume eine solche in Π entspricht, in der sich Bewegungen und Umlegungen gegenüberstehen.

Wir wollen den Fall 3 konstruktiv durchführen. Gegeben sei eine Umlegung durch ihre Achse E und ein Punktepaar $m'm''$, wobei diese Punkte von E entgegengesetzt gleiche Abstände haben müssen, ferner ein Punktepaar $g'g''$. Es ist jene Bewegung zu suchen, die g' in g'', ferner eine gerade Punktreihe in die ihr in der Umlegung entsprechende überführt (Abb. 28). Wir gehen von den gegebenen Bildpunkten zu den Spurbildern nach Abb. 27 mittels einer negativen Schwenkung über. Durch $\overline{g}_1\,\overline{g}_2$ ist eine

Gerade G gegeben, durch $\overline{m}_1 \overline{m}_2$ eine Gerade in einer Ebene ε, deren Spur E ist. Die Spurbilder $\overline{E}_1$ und $\overline{E}_2$ von ε sind die Parallelen zu E durch $\overline{m_1}$ und $\overline{m_2}$. Es ist nun der Schnittpunkt p von G mit ε zu bestimmen, was nach dem Zweispurenverfahren (Abb. 22) bewerkstelligt wird; dadurch ergibt sich sein Grundriß $\overline{p}$ auf $\overline{G}$. $\overline{p}$ ist schon der Mittelpunkt der gesuchten Drehung. Um nun die verlangten Punktreihen zu erhalten, denkt man sich durch p in ε zwei Gerade A und B, sucht deren Spurbilder $\overline{a}_1 \overline{a}_2$ und $\overline{b_1} \overline{b_2}$ (sie liegen auf $\overline{E}_1$ bzw. $\overline{E}_2$) und schließlich die Bilder $a' a''$ und $b' b''$. Dann sind die verlangten kongruenten Punktreihen $a', b', \ldots.$ und $a'', b'', \ldots.$, und es geht z. B. das Dreieck $a' b' g'$ durch Drehung um $\overline{p}$ in das Dreieck $a''\ b''\ g''$ über. Es braucht wohl kaum betont zu werden, daß sich die ganze Konstruktion mit Hilfe der bisherigen Sätze vereinfachen läßt.

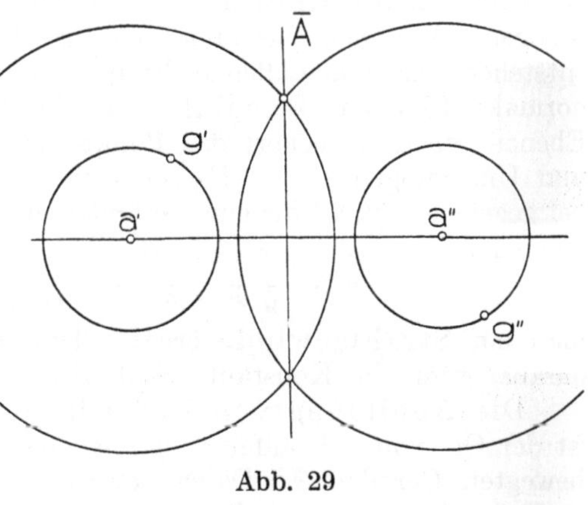

Abb. 29

Jeder Strahlkongruenz im Raume entspricht in Π eine Punktverwandtschaft zwischen den Bildern; Strahlbündel und -felder sind nur besondere Fälle davon. Wir wollen die Verwandtschaft, die zu einem Strahlnetze gehört, dessen Brennlinien M (m', m'') und N (n', n'') sind, betrachten. Da ein Strahl G (g', g'') des Netzes M und N treffen muß, so muß für die Bildpunkte gelten:

$$\overline{g' m'} = \overline{g'' m''} \text{ und } \overline{g' n'} = \overline{g'' n''}.$$

Die Transformation $g' \to g''$ ist zweizweideutig; es entsprechen g' zwei zu $m'' n''$ symmetrische Punkte g'' und umgekehrt. Durchläuft g' einen Kegelschnitt mit den Brennpunkten m' und n', so muß wegen $\overline{g' m'} \pm \overline{g' n'} = konst$ auch $\overline{g'' m''} \pm \overline{g'' n''} = konst$ gelten, das heißt es gehen die konfokalen Kegelschnitte mit den Brennpunkten m', n' in ebensolche mit den Brennpunkten m'', n'' über, und zwar entsprechen einander solche Kegelschnitte, deren große (reelle) Achsen gleich lang sind. Wir haben die von L. Burmester eingeführte bifokale Verwandtschaft vor uns.

Die zu solchen Verwandtschaften gehörigen Strahlgebilde sind also Netze.

Ferner soll noch die Bildpunktkorrelation untersucht werden, die zu einem Strahlgebüsche gehört, das heißt zur Gesamtheit aller Geraden G, die eine feste Gerade A (a', a'') treffen (Abb. 29). Wegen der einzigen hier auftretenden Beziehung

$$\overline{g'\,a'} = \overline{g''\,a''}$$

müssen zugeordnete Bildpunkte auf gleich großen Kreisen um a' bzw. a'' liegen. Die Korrelation ist also so, daß zu einem beliebigen g' alle Punkte des um a'' mit dem Radius $\overline{a'\,g'}$ geschlagenen Kreises gehören und umgekehrt. Dadurch sind die kongruenten Kreise der beiden konzentrischen Kreisscharen a' und a'' aufeinander bezogen. Wo sich zusammengehörige Kreise schneiden, dort entstehen zusammenfallende Bildpunkte als Bilder von zu Π normalen Geraden. Da auf A ∞^1 Punkte liegen und durch A ∞^1 Ebenen gehen, so gehört das Punktepaar $a'\,a''$ ∞^1 Bewegungen und Umlegungen an. — Es sei noch erwähnt, daß, wenn man bei gegebenen a', a'' für eine veränderliche Gerade G die Relation aufstellt:

$$\overline{g'\,a'}^2 - \overline{g''\,a''}^2 = konst,$$

man ein Strahlgewinde erhält. Das Strahlgebüsch entsteht daraus, wenn die Konstante Null wird.

Die Abbildung von Regelflächen. Eine Regelfläche $\mathfrak{R}$ ist der Ort von ∞^1 aufeinanderfolgenden Lagen einer irgendwie bewegten Geraden G. Dabei bewegen sich also gleichzeitig g' und g'' auf den Kurven R' und R''. Diese können, wenn die Zuordnung der einzelnen Punkte bekannt ist, als die Bilder von $\mathfrak{R}$ angesehen werden. Übt man auf alle zugeordneten Bildpunktpaare eine negative Schwenkung aus, so gelangt man zu den punktweise aufeinander bezogenen Kurven $\overline{R}_1$ und $\overline{R}_2$, welche die Grundrisse der Spurkurven von $\mathfrak{R}$ auf Π_1 und Π_2 sind. Ist $\mathfrak{R}$ abwickelbar (eine Torse), das heißt, schneiden sich die benachbarten Strahlen, so muß sich das in Π so zeigen, daß je zwei benachbarte Bildpunktpaare dieselbe unendlich kleine Entfernung haben; dann sind R' und R'' längentreu (isometrisch) aufeinander bezogen. Auf $\overline{R}$ und $\overline{R}_2$ haben die entsprechenden Punkte parallele Tangenten, $\overline{R}_1$ und $\overline{R}_2$ sind also mittels paralleler Tangenten aufeinander abgebildet. Wir erhalten daher den planimetrischen Satz: Sind zwei Kurven punktweise durch parallele Tangenten aufeinander bezogen, so erhält man durch Schwenkung zusammengehöriger Punktepaare zwei isometrische Kurven. Ein besonderer Fall der abwickelbaren Regelflächen sind die Kegel. Da nun alle Erzeugenden durch einen Punkt gehen, so müssen die Bildkurven R' und R'' in einer Bewegung enthalten, also kongruent sein. Eine Kegelfläche bildet sich durch ein Paar gleichsinnig kongruenter Kurven ab. Anderseits müssen hier $\overline{R}_1$ und $\overline{R}_2$ zentrisch ähnlich liegen, woraus sich der Satz ergibt: Durch Schwenkung der zusammengehörigen Punktepaare zweier zentrisch ähnlicher Kurven erhält man zwei gleichsinnig kongruente Kurven.

Es können auch Raumkurven kinematisch abgebildet werden, wenn man sie als Tangentenort auffaßt. Die Tangenten bilden eine abwickelbare Regelfläche, deren Gratlinie (Ort der Schnittpunkte aufeinanderfolgender Tangenten) eben die gegebene Kurve ist. Da jede Raumkurve also als Gratlinie aufgefaßt werden kann, so ist ihre Abbildung dieselbe wie die einer Torse. Einen besonderen Fall bilden die ebenen Kurven, die als Hüllkurven einer in einer Ebene ε bewegten Geraden aufgefaßt werden müssen. Ihre Bildpunkte beschreiben zwei Kurven K' und K'', die in einer Umlegung enthalten sind; die Bilder einer ebenen Kurve im Raume sind zwei ungleichsinnig kongruente Linien. Durch negative Schwenkung entsprechender Punktepaare von K' und K'' erhält man die Spurbilder $\overline{E}_1$ und $\overline{E}_2$ von ε. Der daraus erfließende planimetrische Satz lautet also: hat man irgend eine Verwandtschaft zwischen den Punkten paralleler Geraden und schwenkt die zusammengehörigen Punktepaare, so erhält man zwei ungleichsinnig kongruente Kurven. Ist die Zuordnung zwischen $\overline{E}_1$ und $\overline{E}_2$ eine Ähnlichkeit, so ergibt die Schwenkung wegen des dadurch festgelegten Strahlbüschels zwei kongruente gerade Punktreihen.

Wir sind nun in der Lage, die Abbildungsgleichungen (1) auch liniengeometrisch zu interpretieren. Wir fragen nach allen Strahlen, die denselben linken Bildpunkt g' haben; dann geben die linken Gleichungen von (1) für ein bestimmtes ξ' und η' eine Strahlkongruenz an. Man erhält sie geometrisch, wenn man g' festhält und g'' alle möglichen Lagen in Π erteilt; da die Abbildung die Bewegungen parallel zu Π gestattet, so genügt es vorderhand, die g'' auf einer durch g' gehenden Geraden M'' anzunehmen und die dazugehörigen Geraden G zu betrachten. Die Spurpunktbilder $\overline{g}_1$ und $\overline{g}_2$ liegen auf den Geraden $\overline{M}_1$ und $\overline{M}_2$ (Abb. 27), die durch g' gehen und mit M'' Winkel von 45^0 einschließen, und sind von g' gleich weit entfernt. Dadurch erscheinen in Π_1 und Π_2 die Geraden M_1 und M_2 (mit den Grundrissen $\overline{M}_1$ und $\overline{M}_2$), die sich rechtwinklig kreuzen und auf denen die gesuchten Geraden G kongruente Punktreihen ausschneiden. Durch Rotation um die zu Π Normale durch g' erhält man alle Geraden mit demselben linken Bildpunkt g'; sie sind das Erzeugnis zweier kongruenter Felder Π_1 und Π_2, die um 90^0 gegeneinander verdreht sind, bilden also das auf S. 44 gefundene Drehnetz, dessen Achse in g' normal zu Π steht und dessen Mittelebene Π ist. Faßt man alle Punkte von Π als linke Bildpunkte auf, so gehören auf diese Art zu ihnen ∞^2 Drehnetze, die alle aus einem durch Parallelverschiebungen längs Π hervorgehen; diese Drehnetze sind rechtsgewunden. Betrachtet man alle Punkte von Π als zweite Bildpunkte, so gehören zu ihnen wieder ∞^2 Drehnetze, die nun aber linksgewunden sind. Ein linksgewundenes Drehnetz wird aus einem rechtsgewundenen durch Spiegelung an Π erzeugt. Nun lassen sich die Gleichungen (1) folgendermaßen erklären: Gegeben sind alle gleichsinnig und ungleichsinnig kongruenten Drehnetze mit derselben Mittelebene Π; eine beliebige Raumgerade gehört einem rechtsgewundenen und einem linksgewundenen Netze an; der Mittelpunkt des ersteren ist der linke, der Mittelpunkt des letzteren der rechte Bildpunkt der Geraden.

Schließlich sei noch kurz darauf hingewiesen, wie die kinematische Abbildung für kontinuierliche Bewegungen in Π verwendet werden kann. Wir denken uns zwei gleichsinnig kongruente Felder σ' und σ'' in Π, wobei die Bewegung $\sigma' \rightarrow \sigma''$ einen Raumpunkt p angibt. Läßt man σ' fest und bringt man σ'' in verschiedene Lagen $\sigma_1'', \sigma_2'', \sigma_3'' \ldots\ldots$ in Π, so erhält man die Punkte $p_1, p_2, p_3 \ldots$ im Raume, so daß zu jeder Bewegung $\sigma' \rightarrow \sigma_i''$ der Punkt p_i gehört. Hat man also die Punkte $p_1, p_2, p_3 \ldots$ gegeben, so sollen sie als Bildpunkte von Bewegungen aus einer gemeinsamen Anfangsstellung σ' aufgefaßt werden, das heißt, nimmt man eine beliebige Figur $\mathfrak{F}'$ an, so entsprechen ihr vermittels der durch die p_i gegebenen Bewegungen die kongruenten Figuren $\mathfrak{F}_1'', \mathfrak{F}_2'', \mathfrak{F}_3'' \ldots\ldots$ Durchläuft nun p eine Raumkurve C, so durchläuft der zu einem Punkte g' gehörige Punkt g'' eine Kurve, das ganze System σ'' führt eine kontinuierliche Bewegung in Π aus, und seine einzelnen Lagen in bezug auf ein festes System σ' sind durch die Punkte von C charakterisiert; wir nennen C die Bildkurve der stetigen Bewegung, die σ'' ausführt. Will man die Bahn eines Punktes g'' des bewegten Systems σ'' studieren, so muß man einen Punkt g' annehmen und ihn allen Bewegungen unterwerfen, die durch die

Punkte von C angegeben sind; alle ∞^1 Endlagen liefern die gesuchte Bahnkurve.

Nimmt man die Punkte p nicht auf einer Kurve, sondern auf einer Fläche φ an, so sollen durch diese ∞^2 Punkte Lagen des Systems σ'' festgelegt sein, die durch die zu den Punkten von φ gehörigen Bewegungen aus einem festen System σ' hervorgehen. Da σ'' in Π ∞^3 Lagen annehmen kann, von denen durch die Fläche φ ∞^2 Möglichkeiten ausgewählt erscheinen, so nennt man φ die Fläche des Zwanges.

Auf diese Art ist die ebene kinematische Geometrie mit der Geometrie des Raumes verknüpft und es kommt nun auf das betreffende Problem an, ob man bekannte Sätze über ebene Bewegungen zur Auffindung räumlicher Beziehungen oder umgekehrt bekannte Sätze der Raumgeometrie zur Behandlung kinematischer Vorgänge in Π benützen will.

Literatur:

1. Grünwald, J.: Ein Abbildungsprinzip, welches die ebene Geometrie und Kinematik mit der räumlichen Geometrie verknüpft, Sitzgsber. Ak. Wien 120 (1911).

2. Blaschke, W.: Euklidische Kinematik und nichteuklidische Geometrie, Zeitschr. Math. Phys. 60 (1912).

3. Müller, E.-Kruppa, E.: Siehe Verzeichnis Nr.11 auf S. 15.

9. Zyklographie

Wir kommen nun zu einem Abbildungsverfahren, in welchem die Punkte des gewöhnlichen Raumes nicht mehr durch Punkte, sondern durch Kurven in der Zeichenebene dargestellt werden sollen. Wir denken uns die horizontale Bildebene Π als xy-Ebene eines rechtwinkligen Koordinatensystems und bezeichnen die Koordinaten der Punkte von Π mit ξ, η. Ist nun in Π ein von drei Parametern α, β, γ abhängiges Kurvensystem

$$f(\xi, \eta, \alpha, \beta, \gamma) = 0$$

gegeben, so sind damit ∞^3 Kurven für alle möglichen Parameterkombinationen bestimmt. Stellt man nun drei Gleichungen zwischen α, β, γ und den Raumpunktskoordinaten x, y, z auf, so ist (eine birationale Transformation vorausgesetzt) jedem Raumpunkt p eine Kurve P des Systems zugeordnet und umgekehrt. Man kann nun diese Abbildung geometrisch so erfassen, daß man durch p einen Kegel legt, indem man den Punkt p mit allen Punkten seiner Bildkurve P durch Erzeugende verbindet.

Gegeben sind ∞^3 Kegel im Raume, wobei es zu jedem Punkte einen einzigen Kegel gibt, dessen Scheitel er ist; die Spurkurven dieser Kegel auf Π sind die Bildkurven der entsprechenden Punkte[1]).

Einen besonderen und wichtigen Fall erhält man dadurch, daß man diese ∞^3 Kegel als lotrechte Drehkegel annimmt, deren Öffnungswinkel 90^0 beträgt; die Erzeugenden sind unter 45^0 zu Π geneigt und alle Kegel gehen aus einem durch Translationen hervor. Die Spurkurve des zum Punkte p gehörigen Kegels ist ein Kreis, dessen Mittelpunkt p' der Grundriß von p und dessen Radius gleich dem Abstande des Punktes p von Π ist. Man kann diese Abbildung als eine Variante der kotierten Projektion ansehen, bei welcher p durch p' und den beigefügten Abstand von Π (Kote) angegeben wird; schlägt man mit dieser Kote einen Kreis um p', so erhält man den Bildkreis P. (So wird z. B. in der Perspektive das Auge durch den Distanzkreis angegeben.) Diese Abbildung wurde unter dem Namen Zyklographie von W. Fiedler eingeführt. Es gehört wohl zu jedem Punkte ein bestimmter Bildkreis, umgekehrt aber sind jedem solchen Kreise zwei bezüglich Π symmetrische Raumpunkte zugeordnet. Um diese Zweideutigkeit zu vermeiden, muß man noch dem Radius des Bildkreises ein Vorzeichen beilegen, das mit dem Vorzeichen des Abstandes des Punktes von Π übereinstimmen soll. Dadurch werden die Bildkreise gerichtet (orientiert), und in dieser modernen Form ist die Zyklographie von E. Müller weitgehend ausgebaut worden.

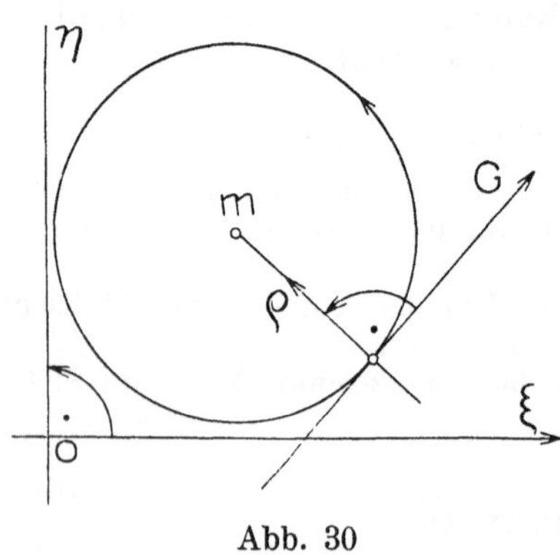

Abb. 30

Bevor wir jedoch auf die zyklographische Abbildung näher eingehen, wollen wir uns eine analytische Geometrie in der Ebene, die auf der Berücksichtigung des Vorzeichens gegründet ist, in den Grundzügen festlegen.

---

[1]) Solche Kegel können z. B. durch die Differentialgleichung $F\left(x, y, z, \frac{dz}{dx}, \frac{dz}{dy}\right) = 0$ angenommen werden.

Wir schreiben in dem (ξ, η)-System in Π die Gleichung einer Geraden in der Form

$$u\xi + v\eta + 1 = 0,$$

wobei u und v die Plückerschen Linienkoordinaten sind. Eine Gerade ist also durch die Annahme von u, v im allgemeinen gegeben, wobei ihre Achsenabschnitte $-\frac{1}{u}$ und $-\frac{1}{v}$ sind[1]). Nimmt man eine Gleichung $F(u, v) = 0$ an, so erhält man eine Kurve als Einhüllende von ∞^1 Geraden, deren Linienkoordinaten dieser Gleichung genügen. Insbesondere gibt die obige Gleichung bei festem ξ, η alle Geraden durch einen Punkt an; wir haben also als besonderen Fall die Gleichung eines Strahlbüschels oder die eines Punktes.

Der Abstand ϱ eines Punktes $m(\xi, \eta)$ von einer Geraden $G(u, v)$ ist (Abb. 30) bekanntlich gegeben durch:

$$\varrho = \frac{u\xi + v\eta + 1}{\pm\sqrt{u^2 + v^2}}. \tag{1}$$

Der absolute Betrag von ϱ ist dadurch bestimmt, das Vorzeichen des Abstandes hängt jedoch von der Wahl des Vorzeichens der Wurzel $\sqrt{u^2 + v^2}$ ab. Hat man sich für ein bestimmtes Vorzeichen entschieden und benützt man dieses für die Abstände aller möglichen Punkte von G, so haben alle Punkte, die auf einer Seite von G liegen, Abstände mit demselben Vorzeichen; die Punkte auf der anderen Seite besitzen dann entgegengesetzt bezeichnete Abstände. Wir haben also durch die Wahl des Vorzeichens von $\sqrt{u^2 + v^2}$ einer Geraden je nach dem Vorzeichen der Abstände eine positive und eine negative Seite zugeordnet und diese Zuordnung kann für jede Gerade auf zweifache Weise vorgenommen werden. Zeichnerisch kann sie nun so geschehen, daß man die Gerade orientiert, das heißt, mit einem Durchlaufungssinn versieht, der durch einen beigefügten Pfeil angedeutet werden soll; diese Orientierung soll so geschehen, daß, wenn man die nunmehr gerichtete Gerade um einen ihrer Punkte in positiver Richtung um 90^0 dreht, der gedrehte Pfeil auf die positive Seite der Geraden weist. Wir nennen eine orientierte Gerade einen Speer, und es ist nunmehr klar, daß aus einer Geraden zwei Speere gemacht werden können, die jedesmal die Vorzeichen zu beiden Seiten bestimmen. Die positive Drehrichtung in der Ebene hängt aber

[1]) Die Geraden durch den Ursprung können wir für die folgenden Betrachtungen beiseite lassen; diese erfahren eine gleiche Behandlung wie die Geraden allgemeiner Lage, wenn homogene Linienkoordinaten $u_1 : u_2 : u_3 = u : v : 1$ verwendet werden.

von der Wahl des rechtwinkligen Koordinatensystems ab; dieses ist gegeben durch eine Zahlenlinie ξ, die wir in der Richtung der ansteigenden Werte orientieren wollen, und durch die Angabe, auf welcher Seite von ξ die Punkte mit positivem η liegen. Der Sinn der Drehung des Speeres ξ um 90^0 auf die Seite der positiven η bestimmt dann die positive Drehrichtung in Π. Wollen wir, wie in Abb. 30, diese positive Drehung entgegengesetzt zur Uhrzeigerbewegung annehmen, so können wir die verschiedenen Seiten eines Speeres nach folgender Regel bestimmen: Denkt man sich einen Schwimmer in der Richtung des Speeres, so ist zur Linken die positive, zur Rechten die negative Seite.

Analytisch entspricht nun der zweifachen Orientierungsmöglichkeit einer Geraden die zweifache Möglichkeit des Vorzeichens von $\sqrt{u^2+v^2}$. Bezeichnen wir einen Wert dieser Wurzel mit w, so gibt es auf der Geraden G (u, v) zwei Speere, die den Werten $+w$ und $-w$ entsprechen. Wir nehmen daher zur Bestimmung eines Speeres die drei Koordinaten u, v, w (Speerkoordinaten) an, zwischen welchen die Beziehung bestehen muß:

$$u^2+v^2-w^2=0. \tag{2}$$

Die Koordinate w ist wohl überzählig, muß aber wegen des Vorzeichens mitgeführt werden. Es ist nun noch die Frage, wie das Vorzeichen von w sich geometrisch ausdrückt. Nach (1) ist der Abstand eines Punktes m (ξ, η) vom Speer G (u, v, w) gegeben durch:

$$\varrho=\frac{u\,\xi+v\,\eta+1}{w}. \tag{3}$$

Die Orientierung des Speeres ist schon bestimmt, wenn man den Abstand eines Punktes kennt; wählen wir hiezu den Ursprung, so ist $\varrho=\frac{1}{w}$. Daraus folgt aber: ist $w>0$ $(w<0)$, so liegt der Ursprung auf der positiven (negativen) Seite des Speeres. Zwei Speere G (u, v, w) und G' $(u, v, -w)$ liegen auf derselben Geraden und sind entgegengesetzt gerichtet.

Unter dem Winkel $(G_1\,G_2)$ zweier Speere G_1 (u_1, v_1, w_1) und G_2 (u_2, v_2, w_2) versteht man den Winkel der Drehung, die der Speer G_1 um den gemeinsamen Schnittpunkt ausführen muß, um mit dem Speer G_2 zur Deckung zu kommen; $(G_1\,G_2)$ ist sowohl der Größe als auch dem Vorzeichen nach zu nehmen. In diesem Sinne kann man stets schreiben:

$$(G_1\,G_2)+(G_2\,G_1)=0^0 \text{ oder } \pm 360^0,$$

das heißt $\sin(G_1 G_2) = -\sin(G_2 G_1)$ und $\cos(G_1 G_2) = \cos(G_2 G_1)$. Der Winkel (ξG), den der Speer G mit der gerichteten ξ-Achse einschließt, läßt sich angeben durch:

$$\cos(\xi G) = \frac{v}{w}, \quad \sin(\xi G) = -\frac{u}{w}, \tag{4}$$

oder durch

$$\operatorname{tg}\frac{(\xi G)}{2} = \frac{v-w}{u} = -\frac{u}{v+w}. \tag{4}$$

Nun läßt sich der Winkel $(G_1 G_2)$ zweier Speere berechnen, wenn man die stets gültige Beziehung:

$$(\xi G_1) + (G_1 G_2) = (\xi G_2)$$

beachtet, aus der

$$(G_1 G_2) = (\xi G_2) - (\xi G_1)$$

folgt. Dann erhält man:

$$\cos(G_1 G_2) = \cos(\xi G_2)\cos(\xi G_1) + \sin(\xi G_2)\sin(\xi G_1) = \\ = \frac{u_1 u_2 + v_1 v_2}{w_1 w_2},$$

$$\sin(G_1 G_2) = \sin(\xi G_2)\cos(\xi G_1) - \cos(\xi G_2)\sin(\xi G_1) = \\ = \frac{u_1 v_2 - u_2 v_1}{w_1 w_2}. \tag{5}$$

Zwei Speere sind also parallel (ihr Winkel ist 0^0), wenn

$$u_1 : u_2 = v_1 : v_2 \text{ und } u_1 u_2 + v_1 v_2 - w_1 w_2 = 0,$$

oder, wenn $\varkappa$ einen Faktor bedeutet, wenn:

$$u_2 = \varkappa u_1, \quad v_2 = \varkappa v_1, \quad w_2 = \varkappa w_1.$$

Zwei Speere heißen antiparallel, wenn sie einen Winkel von 180^0 einschließen; dann ist

$$u_2 = \varkappa u_1, \quad v_2 = \varkappa v_1, \quad w_2 = -\varkappa w_1.$$

Zwei Speere stehen aufeinander normal (ohne Rücksicht auf die Orientierung), wenn

$$u_1 u_2 + v_1 v_2 = 0.$$

Wir wollen jetzt nach allen Speeren fragen, von denen ein gegebener Punkt $m(\xi, \eta)$ die gegebene Entfernung ϱ hat; sie berühren einen Kreis (Abb. 30), dessen Gleichung in Speerkoordinaten nach (3) lauten muß:

$$\xi u + \eta v + 1 - \varrho w = 0. \tag{6}$$

Ist ϱ positiv, so liegt m zur Linken aller Berührungsspeere, der Kreis selbst erhält dadurch einen Umlaufsinn in positiver Richtung. Wir nennen einen Kreis mit Orientierung einen Zykel und unterscheiden positive oder negative Zykel, je nach dem Vorzeichen des vom Umfang zum Mittelpunkt hin gemessenen Radius oder nach dem beigefügten Umlaufsinn. Die Frage nach allen Speeren, von denen m den Abstand $-\varrho$ hat, liefert die Gleichung desselben Kreises, aber mit negativer Orientierung:

(7) $$\xi u + \eta v + 1 + \varrho w = 0.$$

Man kann also (6) als die Normalform der Zykelgleichung ansehen, in welcher ϱ mit dem gewählten Vorzeichen zu nehmen ist. Die Zykel (6) und (7) liegen auf demselben Kreise, haben aber entgegengesetzte Orientierung; die Gleichung dieses gemeinsamen Kreises ist in Linienkoordinaten

$$\varrho^2 w^2 = (\xi u + \eta v + 1)^2$$

oder $$\varrho^2 (u^2 + v^2) - (\xi u + \eta v + 1)^2 = 0.$$

Eine Zykelgleichung muß also in den Speerkoordinaten linear sein; die Normalform erhält man, indem man das absolute Glied $+1$ macht. Dann geben die Koeffizienten von u und v die Koordinaten des Mittelpunktes und der negative Koeffizient von w den mit Vorzeichen versehenen Radius des Zykels. Es sind also ξ, η, ϱ die Koordinaten eines Zykels, da dadurch sowohl der Zykel als auch seine Gleichung in Speerkoordinaten vollkommen bestimmt ist.

Für $\varrho = 0$ in (6) erhält man alle Speere durch $m\,(\xi, \eta)$; die Orientierung ist aufgehoben, wir erhalten den sogenannten Nullzykel (Punkt). Als besonderer Fall eines Zykels erübrigt noch der, wo in der linearen Gleichung in u, v, w das absolute Glied fehlt. Hiefür müssen wir in (6) homogene Zykelkoordinaten mittels

$$\xi = \frac{\xi_1}{\xi_0},\quad \eta = \frac{\xi_2}{\xi_0},\quad \varrho = \frac{\xi_3}{\xi_0}$$

einführen und erhalten:

$$\xi_0 + \xi_1 u + \xi_2 v - \xi_3 w = 0.$$

Für $\xi_0 = 0$ ergibt sich ein Zykel mit uneigentlichem Mittelpunkt und unendlich großem Radius, er ist ausgeartet. Die Gleichung eines ausgearteten Zykels lautet dann allgemein

(8) $$a u + b v + c w = 0.$$

Dividieren wir durch w und führen die Beziehungen (4) ein, so ergibt sich für einen laufenden Speer G:

$$-a \sin(\xi G) + b \cos(\xi G) + c = 0.$$

Diese Gleichung liefert aber zwei feste Werte für den Winkel (ξG) und besagt, daß ihr alle Speere mit diesen Neigungen zur ξ-Achse genügen. Der ausgeartete Zykel zerfällt also im allgemeinen in zwei Büschel paralleler Speere. Im Falle

$c = 0$ kann man von einem ausgearteten Nullzykel sprechen. Wegen

$$tg(\xi G) = \frac{b}{a}$$

erhält man ein gewöhnliches Parallelstrahlenbüschel, in welchem jede Gerade beliebig orientiert zu denken ist.

Wir können zusammenfassen: Jede lineare Gleichung in Speerkoordinaten u, v, w stellt einen Zykel dar; er ist eigentlich oder ausgeartet, je nachdem das absolute Glied endlich oder Null ist.

Es soll nun die folgende Speertransformation betrachtet werden, die $G(u, v, w)$ in $G'(u', v', w')$ überführt:

$$u = u', \quad v = -v', \quad w = -w'. \tag{9}$$

Es ist sofort zu erkennen, daß dies eine Spiegelung an der ξ-Achse bedeutet. Der Zykel (6) geht über in

$$\xi u' - \eta v' + 1 + \varrho w' = 0.$$

Es wird also der Zykel (ξ, η, ϱ) in den Zykel $(\xi, -\eta, -\varrho)$ transformiert. Ein Zykel mit dem Mittelpunkt auf der ξ-Achse geht in den entgegengesetzten über.

Treiben wir in der Ebene eine Geometrie, in der grundsätzlich die Richtung beachtet wird, so bedeutet dies analytisch ein Arbeiten mit Speer- und Zykelkoordinaten; die gewöhnliche Geometrie der Geraden und Kreise erfährt dann eine Modifikation. Will man z. B. aus einem Punkte p an den Zykel $K(m, \varrho)$ die berührenden Speere legen (Abb. 31), so hat man auf bekannte Weise die Tangenten von p aus zu legen und diesen diejenige Orientierung zu geben, die sie in den Berührungspunkten mit dem Zykel gemeinsam haben. Ebenso sind die gemeinsamen berührenden Speere zweier Zykel K_1 und K_2 (Abb. 32 und 33) zu finden, indem man aus den möglichen Tangenten diejenigen auswählt, die als Speere in den Berührungspunkten mit beiden Zykeln gleichgerichtet sind. Denkt man sich die Zykel als rotierende Räder in dem angegebenen Umlaufsinn, welche durch Riemen verbunden sind, so geben die geradlinigen Stücke der Riemen Lage und Richtung der berührenden Speere an. Diese Aufgabe ist analytisch zu behandeln, indem man zwei Zykelgleichungen von der Form (6) zusammen mit (2) auflöst; diese Gleichungen geben zwei Wertetripel u, v, w und somit zwei Speere, die reell, zusammenfallend oder imaginär sein können. Es ist nunmehr auch klar, daß zwei Zykel (im Gegensatz zu zwei Kreisen) bloß einen Ähnlichkeitspunkt besitzen.

Die Geometrie der Zykel in der Ebene kann als duales Gegenstück zur gewöhnlichen Kreisgeometrie aufgefaßt werden. Hier wird der Kreis als Punktort, dort als Speerort (als Einhüllende orientierter Geraden) betrachtet. Als grundlegende Maßbeziehung ergibt sich hier die Entfernung zweier Punkte, dort der Winkel zweier Speere. In der Geometrie nichtorientierter Kreise (Reyesche Kreisgeometrie) spielt die bekannte Potenz eines Kreises bezüglich eines Punktes eine wichtige Rolle und es soll nun eine dazu duale Beziehung abgeleitet werden.

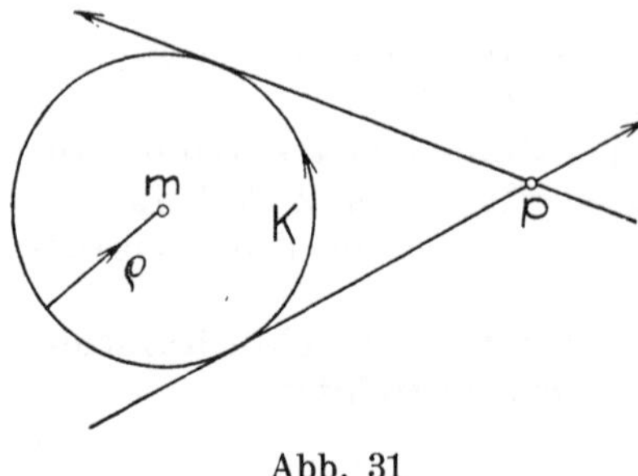

Abb. 31

Gegeben ist ein Zykel K (m, ϱ) und ein Speer; nimmt man auf diesem einen beliebigen Punkt an und zieht daraus die Berührungsspeere an K, so sollen die Winkel, die sie mit dem gegebenen Speer bilden, näher daraufhin untersucht werden, ob sich nicht eine analoge Beziehung wie die Punktpotenz eines Kreises ergibt. Wir können das Koordinatensystem stets so wählen, daß der gegebene Speer die ξ-Achse wird und m auf der η-Achse liegt (Abb. 34). Die Gleichung von K ist dann

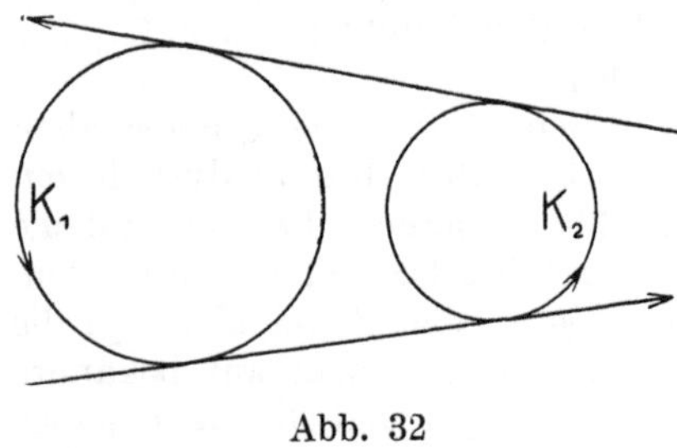

Abb. 32

(10) $\eta\, v + 1 - \varrho\, w = 0.$

Jeder durch einen Punkt $p(\xi, 0)$ gehende Speer genügt der Gleichung

(11) $u\ \xi + 1 = 0.$

Die von p an K legbaren Berührungsspeere $T_1(u_1, v_1, w_1)$ und T_2 $(u_2,\ v_2,\ w_2)$ ergeben sich durch Auflösung von (10) und (11) im Zusammenhalte mit

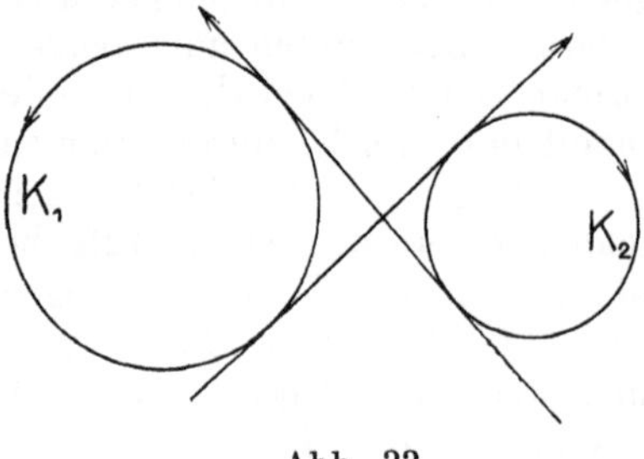

Abb. 33

$$u^2 + v^2 - w^2 = 0.$$

Eliminiert man u und v, so erhält man eine quadratische Gleichung in w:

$$w^2 - \frac{2\varrho}{\varrho^2 - \eta^2} w + \frac{\xi^2 + \eta^2}{\xi^2(\varrho^2 - \eta^2)} = 0 \tag{12}$$

mit den Wurzeln w_1 und w_2. Zunächst soll untersucht werden, wann (12) eine Doppelwurzel $w' = w''$ besitzt; das heißt, es werden jene Punkte auf der ξ-Achse gesucht, von denen aus es zwei zusammenfallende Berührungsspeere an K gibt. Dies seien die Punkte $p'(\xi', 0)$ und $p''(\xi'', 0)$ mit den Speeren $S'(u', v', w')$ bzw. $S''(u'', v'', w'')$. Die Diskriminante von (12) liefert die Gleichung

$$\xi^2 + \eta^2 - \varrho^2 = 0,$$

deren Wurzeln ξ' und ξ'' sind:

$$\xi' = +\sqrt{\varrho^2 - \eta^2}, \qquad \xi'' = -\sqrt{\varrho^2 - \eta^2},$$

was übrigens auch sofort aus der Figur abzulesen ist[1]). Dann ist nach (12)

$$w' = w'' = \frac{\varrho}{\varrho^2 - \eta^2}$$

und ferner nach (10) für die Speere S' und S'':

$$v' = v'' = \frac{\varrho w' - 1}{\eta} = \frac{\eta}{\varrho^2 - \eta^2}$$

und schließlich nach (4):

$$\cos(\xi S') = \cos(\xi S'') = \frac{v'}{w'} = \frac{v''}{w''} = \frac{\eta}{\varrho}. \tag{13}$$

Wir bezeichnen $(\xi S')$ und $(\xi S'')$ als die Schnittwinkel des Speeres ξ mit dem Zykel K und sehen, daß ihre cos-Werte gleich sind. Es läßt sich daher allgemein sagen: Ein Speer schneidet einen Zykel unter Winkeln von gleichem cos-Wert, welcher gleich ist dem Abstande des Zykelmittelpunktes vom Speer dividiert durch den Radius, beide Größen mit Berücksichtigung

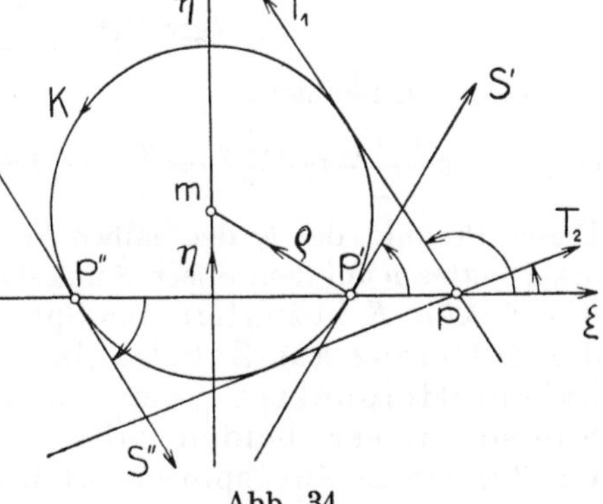

Abb. 34

[1]) Diese Rechnung und noch andere werden deshalb durchgeführt, weil sie ohne Rücksicht auf die Anschauung alle möglichen Fälle umfassen, daher allgemeingültige Resultate liefern.

des Vorzeichens genommen. Ist in (13) $|\eta| > |\varrho|$, so ist $|\cos(\xi S')| > 1$, die Schnittwinkel sind imaginär; in diesem Falle soll der vorangehende Satz diesen imaginären Winkel definieren.

Wir kehren nun zum Punkte p und den Speeren T_1, T_2 zurück. Jetzt ist in (12) ξ beliebig; durch Auflösung erhalten wir w_1 und w_2 und daraus nach (11) und (10):

$$u_1 = u_2 = -\frac{1}{\xi}, \tag{14}$$

$$v_i = \frac{\varrho\, w_i - 1}{\eta} \qquad (i = 1, 2).$$

Nun soll das Produkt $tg\frac{(\xi\, T_1)}{2} \cdot tg\frac{(\xi\, T_2)}{2}$ berechnet werden, indem es nach (4) entwickelt wird:

$$tg\,\frac{(\xi\, T_1)}{2} \cdot tg\,\frac{(\xi\, T_2)}{2} = \frac{v_1 - w_1}{u_1} \cdot \frac{v_2 - w_2}{u_2} =$$

$$= \frac{\xi^2}{\eta^2}\,[(\varrho - \eta)^2\, w_1\, w_2 - (\varrho - \eta)\,(w_1 + w_2) + 1].$$

Darin hat man, da $w_1\, w_2$ und $w_1 + w_2$ die Koeffizienten von (12) sind, zu setzen:

$$w_1\, w_2 = \frac{\xi^2 + \eta^2}{\xi^2\,(\varrho^2 - \eta^2)}$$

$$w_1 + w_2 = \frac{2\,\varrho}{\varrho^2 - \eta^2}$$

und erhält schließlich:

$$tg\frac{(\xi T_1)}{2}\, tg\,\frac{(\xi T_2)}{2} = \frac{\varrho - \eta}{\varrho + \eta} = tg^2\,\frac{(\xi S')}{2} = tg^2\,\frac{(\xi S'')}{2}. \tag{15}$$

Dieses Produkt der tg der halben Winkel ist also von der Lage des Punktes p auf dem Speer ξ unabhängig; es heißt die Potenz des Zykels K bezüglich des Speeres ξ. Diese ist gleich der Differenz aus Zykelradius und dem Abstande des Zykelmittelpunktes vom Speer, dividiert durch die Summe dieser beiden mit Vorzeichen genommenen Größen. Diese Speerpotenz ist bei reellen Elementen immer reell, gleichgültig, ob der Speer den Zykel reell schneidet oder nicht.

Winkel zweier Zykel. Darunter versteht man den Winkel der berührenden Speere in einem Schnittpunkte p der Zykel K_1 und K_2 (Abb. 35). Die Verbindungsgerade der Schnittpunkte von K_1 und K_2 nehmen wir als ξ-Achse an, während die η-Achse die Zentrale sein soll. Dann müssen die Koordinaten der Zykel K_1 $(0, \eta_1, \varrho_1)$ und K_2 $(0, \eta_2, \varrho_2)$ der Bedingung genügen:

$$\varrho_1^2 - \eta_1^2 = \varrho_2^2 - \eta_2^2.$$

Für die berührenden Speere $S_1(u_1, v_1, w_1)$ und $S_2(u_2, v_2, w_2)$ in p hat man nach dem Vorhergehenden:

$$u_i = -\frac{1}{\sqrt{\varrho_i^2 - \eta_i^2}},\quad v_i = \frac{\eta_i}{\varrho_i^2 - \eta_i^2},\quad w_i = \frac{\varrho_i}{\varrho_i^2 - \eta_i^2},\quad (i = 1,\ 2).$$

Es ist daher

$$\cos(S_1 S_2) = \frac{u_1 u_2 + v_1 v_2}{w_1 w_2} = \frac{\varrho_1^2 + \varrho_2^2 - (\eta_1 - \eta_2)^2}{2\,\varrho_1 \varrho_2}.$$

$(\eta_1 - \eta_2)$ ist der Zentralabstand δ der beiden Zykel, dessen Vorzeichen in der Formel gleichgültig ist. Bezeichnet man den Winkel der Zykel mit $(K_1 K_2)$, so ist

$$\cos(K_1 K_2) = \cos(K_2 K_1) = \frac{\varrho_1^2 + \varrho_2^2 - \delta^2}{2\,\varrho_1 \varrho_2}, \tag{16}$$

worin ϱ_1, ϱ_2 die Radien, δ den Zentralabstand bedeuten. Wenn sich die beiden Zykel nicht reell schneiden, so soll (16) wiederum den Schnittwinkel definieren. Berühren sich K_1 und K_2 und haben sie im Berührungspunkte dieselbe Richtung (**eigentliche Berührung**), so muß wegen $\cos(K_1 K_2) = 1$ sein:

$$(\varrho_1 - \varrho_2)^2 = \delta^2.$$

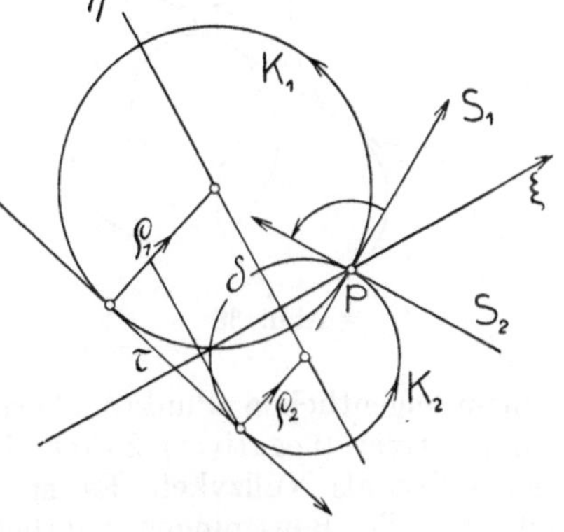

Abb. 35

Bei gleichorientierten Zykeln muß also eine eigentliche Berührung von innen, bei ungleich orientierten von außen erfolgen; die Zykel müssen sich wie zwei ineinandergreifende, rotierende Zahnräder verhalten.

Eine **uneigentliche Berührung** findet dann statt, wenn im Berührungspunkte entgegengesetzte Berührungsspeere vorhanden sind. Wegen $(K_1 K_2) = 180^0$ muß dann die Bedingung hiefür lauten:

$$(\varrho_1 + \varrho_2)^2 = \delta^2.$$

Eine wichtige Größe ist noch die **Tangentialentfernung** zweier Zykel. Darunter versteht man die Strecke τ auf einem gemeinsamen Berührungsspeer zwischen den beiden Berührungspunkten (Abb. 35). Es läßt sich leicht zeigen, daß für beliebig orientierte Zykel die Formel gilt:

$$\tau^2 = \delta^2 - (\varrho_1 - \varrho_2)^2. \tag{17}$$

Ist einer der beiden Zykel ein Nullzykel (Punkt), so gibt (17) die Potenz des andern Zykels bezüglich dieses Punktes an. Für Zykel mit imaginären Berührungsspeeren wird durch (17) die Tangentialentfernung, welche da selbst imaginär wird, wiederum definiert. Für zwei sich eigentlich berührende Zykel ist $\tau = 0$.

Zwischen (16) und (17) läßt sich schließlich durch Elimination von δ der folgende Zusammenhang herstellen:

$$\tau^2 = 4\,\varrho_1\,\varrho_2 \sin^2 \frac{(K_1 K_2)}{2}. \tag{18}$$

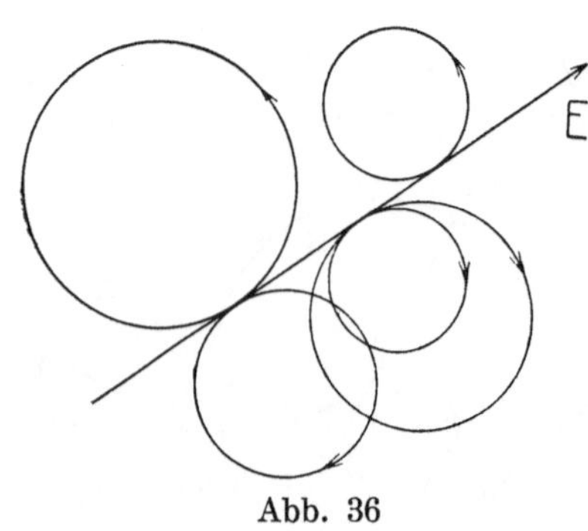

Abb. 36

Wir gehen nun zur **zyklographischen Abbildung** über, indem wir jedem Raumpunkte $p\,(x, y, z)$ den Zykel $P\,(\xi, \eta, \varrho)$ in Π zuordnen, dessen Mittelpunkt p' der Grundriß von p und dessen Radius der mit Vorzeichen genommene Abstand des Punktes p von Π ist. Dann sind hier die Abbildungsgleichungen:

$$\xi = x, \quad \eta = y, \quad \varrho = z. \tag{19}$$

Einem eigentlichen Punkte oberhalb (unterhalb) Π entspricht ein positiver (negativer) Zykel, die Punkte von Π entsprechen sich selbst als Nullzykel. Es ist sofort einzusehen, daß die Abbildung alle Bewegungen parallel zu Π gestattet, wovon wir insofern Gebrauch machen werden, daß wir bei der analytischen Untersuchung der Abbildung die verschiedenen Raumgebilde in eine besondere Lage zum Koordinatensystem bringen können. Die Erzeugung der Bildzykel als Spurkurven von Kegeln, deren Erzeugende unter 45° zu Π geneigt sind (vgl. S. 78), geschieht, indem man einen solchen Kegel, dessen Scheitel p ist (laufende Koordinaten $\mathfrak{x}, \mathfrak{y}, \mathfrak{z}$),

$$(\mathfrak{x} - x)^2 + (\mathfrak{y} - y)^2 - (\mathfrak{z} - z)^2 = 0$$

mit Π zum Schnitt bringt, womit der Kreis

$$(\mathfrak{x} - x)^2 + (\mathfrak{y} - y)^2 = (\pm z)^2$$

entsteht. In dieser Gleichung liegt die schon betonte Zweideutigkeit der Abbildung, wenn man von der Orientierung der Spurkreise absieht. Alle diese Kegel haben in der uneigentlichen Ebene Ω den gemeinsamen Kegelschnitt C_∞, weshalb sie kurz als C-Kegel bezeichnet werden. Die Abbildung kann nun auch so erklärt werden: Aus jedem Raumpunkte p wird C_∞ auf Π projiziert und dem so entstandenen Kreise P die entsprechende Orientierung beigelegt. C-Gerade sind nun solche, die mit Π einen Winkel von 45° einschließen;

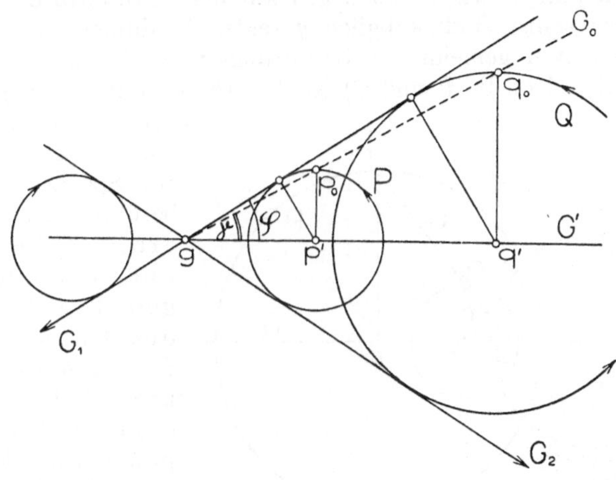

Abb. 37

ihre uneigentlichen Punkte liegen auf C_∞. Ebenso sind C-Ebenen die, welche unter 45° zu Π geneigt sind; ihre uneigentlichen Geraden sind Tangenten von C_∞.

Wir betrachten nun die Punkte einer C-Ebene ε mit der Spur E, die wir so legen, daß E in die ξ-Achse und ihr oberhalb Π gelegener Teil auf die positive Seite der xz-Ebene fällt. Aus ihrer Gleichung $y = z$ erhalten wir für die Bildzykel aller Punkte von ε die Bedingung $\eta = \varrho$, welche besagt, daß sie die Spur E in einem bestimmten Sinne berühren (Abb. 36). E kann also als gemeinsamer Berührungsspeer aller ∞^2 Zykel betrachtet werden und erhält dadurch eine Orientierung. Somit sind die C-Ebenen auf die Speere in Π abgebildet. Umgekehrt gehört zu einem Speer E die durch ihn gelegte C-Ebene ε, deren oberhalb Π befindlicher Teil sich zur Linken des Speeres befinden muß. Den beiden durch eine beliebige Gerade in Π legbaren C-Ebenen entspricht daher die zweifache Orientierungsmöglichkeit der Geraden.

Nun sollen die Punkte einer Raumgeraden G zyklographisch abgebildet werden. Wir verlegen den Ursprung in den Spurpunkt g von G und legen die xz-Ebene durch G. Wenn der Neigungswinkel von G mit γ bezeichnet wird, so sind ihre Gleichungen:

$$z = x \operatorname{tg} \gamma, \quad y = 0.$$

Für die Bildzykel erhält man daraus (Abb. 37):

$$\varrho = \xi \operatorname{tg} \gamma, \quad \eta = 0.$$

Die Mittelpunkte der Zykel liegen auf dem Grundriß G' von G und diese selbst sind bezüglich g zentrisch ähnlich, das heißt, sie haben zwei gemeinsame Berührungsspeere G_1 und G_2. Für je zwei Zykel (z. B. P und Q) ist der Ähnlichkeitspunkt g. Wir nennen ein System von ∞^1 Zykeln, die zwei Speere eigentlich berühren, eine lineare Zykelreihe und können sagen: Die Geraden des Raumes bilden sich auf lineare Zykelreihen oder auf Speerpaare ab. So wie eine Gerade durch zwei Punkte, ist eine lineare Zykelreihe durch Angabe zweier Zykel (die auch Nullzykel sein können) bestimmt. Ebenso ist sie auch gegeben durch zwei Speere G_1 und G_2; die durch G_1 und G_2 bestimmten C-Ebenen liefern als Schnitt die Gerade G. Der Grundriß G' ist also diejenige Symmetrale eines Winkels der Speere G_1 und G_2, deren Punkte von G_1 und G_2 gleiche und gleichbezeichnete Abstände haben. Sind die zu den Zykeln P und Q gehörigen Punkte p und q, so läßt sich durch Umlegung von p und q um G' die Umlegung G_o der Geraden G finden; der Neigungswinkel γ erscheint dann als der Winkel $(G' G_o)$. Bezeichnet man den Winkel zwischen G_1 und G_2, in welchem sich die Zykel befinden, mit $2\,\varphi$, so gilt die Beziehung:

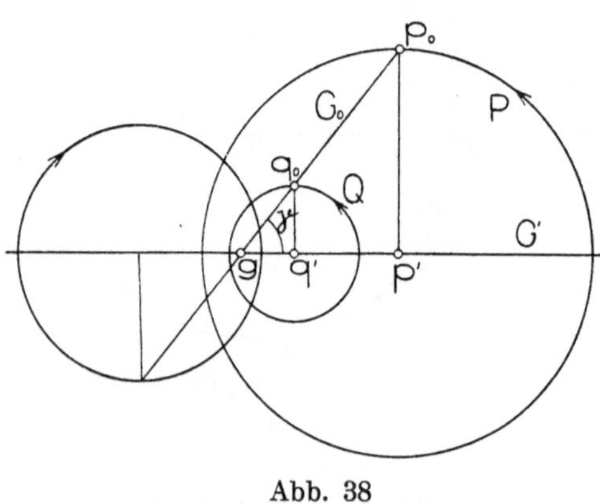

Abb. 38

$$\sin \varphi = \frac{\varrho}{\xi} = \operatorname{tg} \gamma.$$

φ ist also reell (imaginär), wenn $\gamma < 45^0$ ($> 45^0$) ist. Für den Fall $\gamma > 45^0$ bekommen wir von der Zykelreihe ein anderes Bild

(Abb. 38). Sind hier die Zykel P und Q angenommen, so findet man den Nullzykel dieser Reihe und beliebige andere Zykel am einfachsten aus der Umlegung. Jetzt liegt der Ähnlichkeitspunkt g im Gegensatz zum vorhergehenden Falle innerhalb aller Zykel der Reihe, die Speere G_1 und G_2 sind konjugiert imaginär; ebenso ist φ wegen $\sin \varphi > 1$ imaginär. Eine solche Zykelreihe kann nicht mehr durch zwei reelle Berührungsspeere angenommen werden und man muß mit den Zykeln selbst operieren.

Der Grenzfall $\gamma = 45^0$ liefert $\varphi = 90^0$ (Abb. 39). Alle Zykel dieser Reihe berühren sich eigentlich im Punkte g und haben dort den Tangentialspeer G_{12}. Wir nennen eine solche, eine C-Gerade darstellende Zykelreihe eine Nullreihe. Diese ist also durch den Speer G_{12} und einen darauf liegenden Punkt g, also durch ein orientiertes Linienelement $(G_{12} g)$ vollkommen bestimmt. Die ∞^3 C-Geraden sind durch die orientierten Linienelemente in Π abgebildet. Ist $(G_{12} g)$ gegeben, so steht der Grundriß der C-Geraden in g auf G_{12} normal und ihr oberhalb Π befindlicher Teil liegt links von G_{12}. Es ist G_{12} gleichzeitig das Bild der einzigen durch die C-Gerade legbaren C-Ebene.

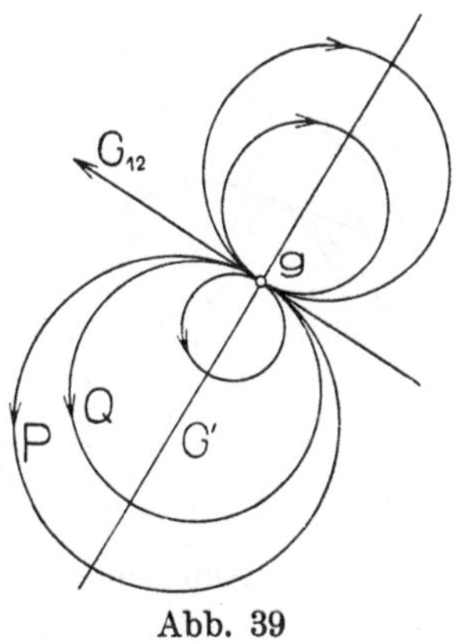

Abb. 39

Die Bilder der zu Π parallelen oder normalen Geraden sind nur Sonderfälle der linearen Zykelreihen; im ersten Falle besteht sie aus lauter gleichsinnig kongruenten, im zweiten Falle aus konzentrischen Zykeln.

Der Zusammenhang zwischen orientierten Linienelementen in Π und C-Geraden läßt sich nun auf die orientierten (das heißt mit einem Durchlaufungssinn versehenen) Kurven in Π anwenden. Wenn z. B. ein Zykel P gegeben ist, so gehören zu seinen Linienelementen diejenigen C-Geraden, die einen C-Kegel bilden; sein Scheitel ist der zu P gehörige Raumpunkt p. Wenn nun eine orientierte Kurve K_1 in Π gegeben ist, so wollen wir sie analog in ihre orientierten Linienelemente zerlegen und die dazugehörigen C-Geraden aufsuchen (Abb. 40). Die zu einem gewählten Linienelement $(G_1 g)$ gehörige C-Gerade G hat einen Grundriß G', der die Kurvennormale in g ist. Alle Geraden G bilden eine Regelfläche, die wegen der Eigenschaft ihrer Erzeugenden naturgemäß als C-Regelfläche bezeichnet werden kann. Geht man zum benachbarten Punkte von g, so müssen die aufeinanderfolgenden Linienelemente auf einem Zykel P liegen, welcher der Krümmungszykel (orientierte Krümmungskreis) von K_1 in g ist. Das heißt, zwei benachbarte Erzeugende der C-Regelfläche müssen sich in einem Punkte p schneiden, dessen Bildzykel eben P ist. Der Grundriß p' von p ist der Krümmungsmittelpunkt für g. Die C-Regelfläche ist also abwickelbar und ihre Gratlinie K ist der Ort der Punkte p. Da die Tangenten von K C-Gerade sind, so heißt K eine C-Kurve. Der Grundriß K' von K ist als Ort aller p' die Evolute von K_1. Auf diese Art ist jeder orientierten Kurve K_1 in Π eine C-Kurve K zugeordnet, deren Grundriß K' die Evolute von K_1 ist. Hat man umgekehrt eine C-Kurve K im Raume gegeben und bildet ihre Punkte zyklographisch ab, so umhüllen die Bildzykel eine Kurve K_1, von der sie zugleich Krümmungszykel sind; K_1 ist eine Evolvente des Grundrisses K' von K.

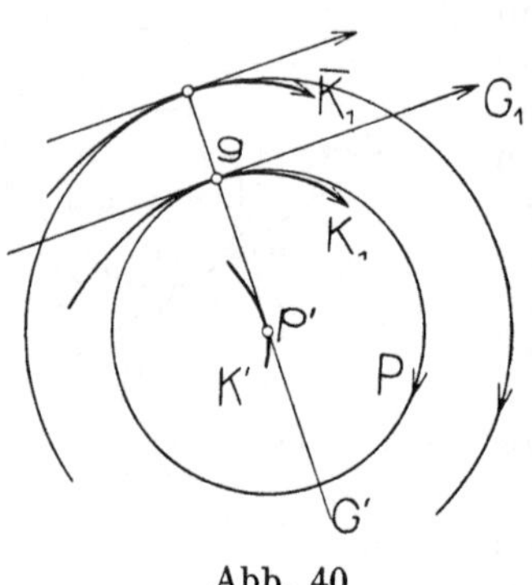

Abb. 40

Verschiebt man nun die Raumkurve K normal zu Π, das heißt, werden die Abstände aller Punkte von K um ein mit Vorzeichen versehenes Stück vergrößert, so bleibt K' unverändert; die Bildzykel der Punkte der neuen Kurve $\bar{K}$, deren Radien ebenfalls um dasselbe Stück algebraisch vergrößert werden, umhüllen jetzt eine Kurve $\bar{K}_1$, die dieselbe Evolute K' wie K_1 hat. $\bar{K}_1$ ist eine sogenannte Parallelkurve von K_1 (Abb. 40). Man erkennt also, daß zu einer Kurve zwar eine einzige Evolute gehört, daß diese aber eine Schar von Evolventen bestimmt, und diese Tatsache findet ihren Ausdruck darin, daß zu allen solchen Evolventen Raumkurven gehören, die durch lotrechte Schiebungen auseinander hervorgehen. Dieses Beispiel zeigt schon klar, wie die Gegenstände der ebenen Geometrie in der Zyklographie mit Hilfe räumlicher Überlegungen zu behandeln sind.

Diese Methode soll noch an einem einfachen Beispiele gezeigt werden: Es sind die Kreise zu suchen, die drei Gerade A, B, C in Π berühren. Da die Geraden ohne Orientierung gegeben sind, so verwandeln wir sie beliebig in drei Speere A, B, C und suchen den Zykel, der diese Speere berührt. Das führt auf die räumliche Aufgabe, die zu A, B, C gehörigen C-Ebenen aufzusuchen, ihren Schnittpunkt zu bestimmen und diesen zyklographisch abzubilden, was leicht mittels der passend gezeichneten Winkelsymmetralen zwischen den Speeren geschehen kann. Dadurch erhält man zunächst einen Zykel als Lösung. Variiert man die Orientierungen von A, B, C auf alle möglichen Weisen, so erhält man $2.2.2 = 8$ Zykel. Läßt man von diesen acht Zykeln die Orientierungen weg, so bleiben, wenn man beachtet, daß je zwei Zykel auf einem Kreise liegen, vier Kreise, welche die drei gegebenen nichtorientierten Geraden berühren.

An diesem Beispiel ist nun das Prinzip für die Behandlung ebener Probleme klar. Hat man eine Aufgabe über Gerade und Kreise in der Ebene zu lösen, so legt man diesen gegebenen Gebilden eine beliebige Orientierung bei, sucht die dazugehörigen Raumgebilde, löst die entsprechende Aufgabe im Raume darstellend-geometrisch und überträgt die Lösung zyklographisch auf die Ebene. Dieses Verfahren führt man für alle möglichen Orientierungskombinationen durch und erhält sämtliche Lösungen, von denen schließlich die Orientierungen wegzulassen sind. Beim Übergange von den orientierten Lösungen zu den nichtorientierten vermindert sich im allgemeinen ihre Anzahl.

Bilden wir eine beliebige Raumkurve K zyklographisch ab, so erhalten wir in Π eine Reihe von ∞^1 Zykeln, deren Mittelpunkte auf K' liegen und deren Radien den Abständen der Kurvenpunkte von Π gleich sind. Die Bildzykel müssen analytisch zwei Gleichungen in ξ, η, ϱ entsprechend den Kurvengleichungen in x, y, z genügen. Eliminiert man aus den beiden Gleichungen ϱ, so erhält man die Gleichung von K'. Die Zykel der (im allgemeinen krummen) Reihe umhüllen zwei orientierte Kurven K_1 und K_2, die als das zyklographische Bild von K anzusehen sind. Umgekehrt bestimmen zwei orientierte Kurven K_1, K_2 eine Raumkurve K; man hat nur jene Zykel zu suchen, die K_1 und K_2 gleichzeitig berühren und die dazugehörigen Raumpunkte zu bestimmen. Einen besonderen Fall bilden die schon betrachteten C-Kurven; hier fallen K_1 und K_2 punktweise zusammen. Ist K eine Gerade, so sind K_1 und K_2 Speere.

Was die Abbildung einer Fläche anlangt, so ergeben ihre Punkte ein System von ∞^2 Zykeln in Π, das durch eine Gleichung zwischen ξ, η, ϱ definiert ist. Ein solches System heißt eine allgemeine Zykelkongruenz. So wie man auf der Fläche Kurven ziehen kann, so kann man aus der Kongruenz Reihen herausgreifen. Von besonderem Interesse sind diejenigen Zykelreihen, welche aus Krümmungskreisen ihrer Einhüllenden bestehen. Sie entsprechen den C-Kurven auf der Fläche, das heißt jenen Linien, deren Tangenten stets die Neigung von 45^0 besitzen

(45⁰-Böschungslinien). Ohne dies weiter zu verfolgen, wollen wir uns dem wichtigsten Falle, wo die Fläche eine Ebene wird, zuwenden.

Eine Ebene mit dem Neigungswinkel ϑ sei gegeben durch

$$z = y \operatorname{tg} \vartheta.$$

Dann ergibt sich für die zugehörige Zykelkongruenz:

$$\varrho = \eta \operatorname{tg} \vartheta.$$

Wenn die mit der ξ-Achse zusammenfallende Spur der Ebene E ist, so besagt die Gleichung, daß die Radien aller Zykel proportional sind den Abständen der Mittelpunkte von E (Abb. 41). Berechnet man den Schnittwinkel eines beliebigen Zykels P mit dem Speer E, so findet man nach (13):

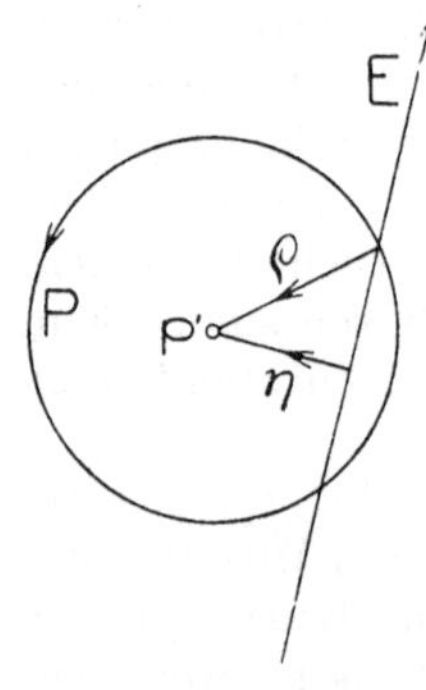

Abb. 41

$$\cos(P\,E) = \frac{\eta}{\varrho} = \cot \vartheta. \tag{20}$$

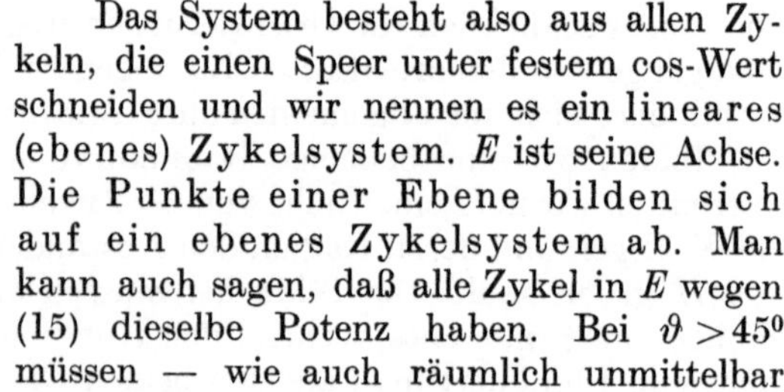

Das System besteht also aus allen Zykeln, die einen Speer unter festem cos-Wert schneiden und wir nennen es ein **lineares (ebenes) Zykelsystem**. E ist seine Achse. **Die Punkte einer Ebene bilden sich auf ein ebenes Zykelsystem ab.** Man kann auch sagen, daß alle Zykel in E wegen (15) dieselbe Potenz haben. Bei $\vartheta > 45^0$ müssen — wie auch räumlich unmittelbar einzusehen ist — die Zykel E reell schneiden, bei $\vartheta < 45^0$ imaginär. Bei $\vartheta = 45^0$ erhalten wir Berührung aller Zykel und eine C-Ebene, bei $\vartheta = 90^0$ alle Zykel, die E rechtwinklig schneiden.

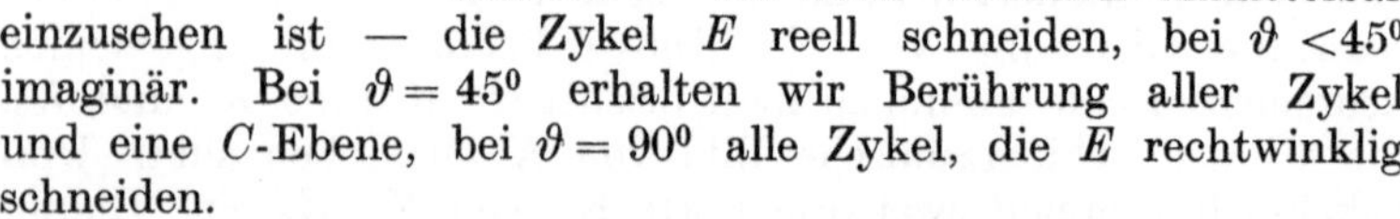

Nimmt man in einer Ebene ε eine Gerade G an, so bildet sie sich als lineare Zykelreihe ab, die im Zykelsystem enthalten ist und deren Nullzykel auf der Achse E liegt. Ein lineares Zykelsystem ist durch einen Zykel und die Achse (die dazugehörige Ebene durch einen Punkt und die Spur) oder durch drei Zykel vollkommen bestimmt. Greift man drei Zykel aus dem System heraus, so liegen die Ähnlichkeitspunkte je zweier auf E. Wir erhalten den Satz: **Die Ähnlichkeitspunkte je zweier von drei Zykeln liegen auf einer Geraden, ihrer Ähnlichkeitsachse.** Das ist der duale Satz zu dem in der gewöhnlichen Kreisgeometrie: die Chordalen dreier Kreise gehen durch einen Punkt.

Es sind also jetzt den räumlichen Elementen Punkt, Gerade, Ebene, die Begriffe Zykel, lineare Reihe und lineares System zugeordnet, und es ist leicht zu sehen, wie sich räumliche Sätze zyklographisch übertragen. Z. B. entspricht dem Satze, daß drei Ebenen einen Punkt bestimmen, der Satz, daß drei lineare Zykelsysteme einen einzigen Zykel gemeinsam haben. Zwei sich schneidende Gerade bilden sich als Zykelreihen mit gemeinsamem Zykel ab; wir nennen sie daher sich schneidende Reihen im Gegensatz zu sich kreuzenden. Zu vier Geraden gibt es im allgemeinen zwei Transversale, daher kann man zu vier gegebenen Zykelreihen stets zwei Reihen finden, die mit jeder gegebenen Reihe einen Zykel gemeinsam haben. Das Ebenenbüschel findet seine Abbildung darin, daß jede Reihe in ∞^1 Systemen enthalten ist; jedes dieser Systeme schickt seine Achse durch den Nullzykel der Reihe und alle Zykel haben bezüglich einer solchen Achse dieselbe Potenz. Wählt man aus der Reihe zwei Zykel aus, so haben sie daher bezüglich jedes durch ihren Ähnlichkeitspunkt gehenden Speeres die gleiche Potenz. Das ergibt den planimetrischen Satz: A l l e S p e e r e, z u d e n e n z w e i g e g e b e n e Z y k e l d i e g l e i c h e P o t e n z h a b e n, b i l d e n e i n B ü s c h e l (gehen durch den Ähnlichkeitspunkt). Der Ähnlichkeitspunkt zweier Zykel ist also das duale Gebilde zur Chordalen zweier Kreise.

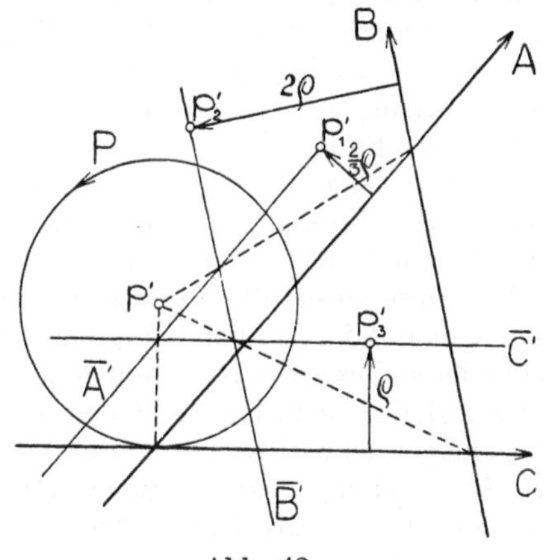

Abb. 42

Aufgabe: Es sollen jene Kreise gezeichnet werden, die drei Gerade A, B, C unter gegebenen Winkeln schneiden. Diese Winkel sollen durch ihre cos-Werte gegeben sein, und zwar soll im besonderen, wenn mit P die Lösung bezeichnet wird, angenommen werden:

$$\cos(PA) = \frac{2}{3}, \cos(PB) = 2, \cos(PC) = 1.$$

Eine Lösung (Abb. 42) erhalten wir, wenn wir A, B, C beliebig orientieren. Alle Zykel, die A unter dem cos-Wert $\frac{2}{3}$ schneiden, bilden ein System, welches eine Ebene α bestimmt. Analog sind die Ebenen β und γ zu suchen und ihr Schnittpunkt p liefert den Zykel P. Wir nehmen in α einen Punkt p_1 an, dessen Zykel P_1 den angenommenen Radius ϱ haben soll; dann ist α durch A und p_1 bestimmt, wobei der Abstand des Zykelmittelpunktes p_1' von A mit η_1 bezeichnet werden soll. Ebenso werden in β und γ die Punkte p_2 und p_3 so angenommen, daß ihre Bildzykel ebenfalls den Radius ϱ haben. Dann ergibt sich für die Abstände η_i der Punkte p'_i von den dazugehörigen Speeren nach (20):

$$\eta_1 = \varrho \cos(P_1 A) = \varrho \cos(P A) = \frac{2}{3}\varrho, \quad \eta_2 = 2\varrho, \quad \eta_3 = \varrho.$$

Die Punkte p'_i sind in diesen Abständen links von den Speeren zu konstruieren und die Zykel P_i (die nicht gebraucht werden) hätten den Radius ϱ und wären positiv orientiert. Die Ebenen α, β, γ denkt man sich durch eine zu Π im Abstande ϱ parallele Ebene geschnitten, wodurch die bezüglichen Hauptlinien $\overline{A}$, $\overline{B}$, $\overline{C}$ entstehen; die Verbindungsgeraden der entsprechenden Eckpunkte der durch A, B, C und $\overline{A}$, $\overline{B}$, $\overline{C}$ gebildeten Dreiecke gehen durch den Punkt p. Die Grundrisse $\overline{A}'$, $\overline{B}'$, $\overline{C}'$ der Hauptlinien gehen nun durch die Punkte p_i' parallel zu den dazugehörigen Speeren und der Ähnlichkeitspunkt der von A, B, C und $\overline{A}'$, $\overline{B}'$, $\overline{C}'$ gebildeten Dreiecke ist schon der gesuchte Zykelmittelpunkt p'. Der Zykel P selbst kann leicht als in einem der drei Systeme liegend gezeichnet werden. Durch Variation der Orientierungen von A, B, C gelangt man zu neuen Parallelen $\overline{A}'$, $\overline{B}'$, $\overline{C}'$, die immer in den schon festgelegten Abständen auf der linken Seite der Speere gezogen werden müssen, und dadurch zu den vier nichtorientierten Kreisen.

Berührung von Zykeln. Von zwei sich eigentlich berührenden Zykeln wissen wir, daß die dazugehörigen Raumpunkte auf einer C-Geraden liegen müssen (Abb. 39). Alle Zykel nun, die einen gegebenen Zykel P berühren, müssen daher die Bilder von Raumpunkten sein, die auf dem durch p bestimmten C-Kegel liegen. Es sollen jetzt die Raumpunkte aufgesucht werden, deren Bildzykel zwei gegebene Zykel A und B berühren; sie müssen auf einer Kurve K liegen, die der Schnitt der beiden durch A und B legbaren C-Kegel ist. Da diese schon C_∞ gemeinsam haben, so muß K ein Kegelschnitt sein, der in einer Ebene ε liegt. Der Grundriß K' von K muß natürlich ebenfalls ein Kegelschnitt werden, dessen Brennpunkte die Zykelmittelpunkte a' und b' sind, wie leicht planimetrisch einzusehen ist. In Abb. 43 ist A und B angenommen, ferner ist der Grundriß G' der Verbindungsgeraden G der dazugehörigen Raumpunkte a und b gezeichnet und ihr Spurpunkt g bestimmt. Zur besseren

Veranschaulichung der Verhältnisse legen wir durch G die projizierende Ebene und fassen sie als Aufrißebene auf, während Π die Grundrißebene sein soll. Dann ist G' die Rißachse und a'', b'', G'' sind die Aufrisse von a, b, G. Der Aufriß K'' von K muß nun wegen der Symmetrie zur Aufrißebene eine Gerade sein, die — wie aus der Abb. **43** ersichtlich — aus den Aufrissen der beiden C-Kegel gewonnen wird. Die Ebene ε ist zweitprojizierend und ihre erste Spur E geht durch die Schnittpunkte von A und B (diese sind ja Nullzykel, die A und B berühren), E ist also die Chordale zwischen A und B. ε geht auch durch den Mittelpunkt m der Strecke $\overline{a\,b}$ und wir nennen den Bildzykel M von m den

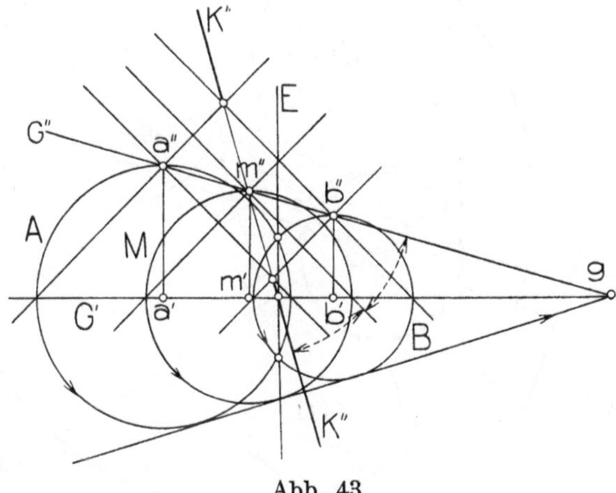

Abb. 43

Mittelzykel von A und B. Wir erhalten also zusammenfassend: Alle Zykel, die zwei gegebene Zykel berühren, gehören einem linearen System an, das den Mittelzykel enthält und dessen Achse die Chordale der gegebenen Zykel ist. Aus der Abb. **43** ist wegen der Gleichheit der mit einem Bogen bezeichneten Winkel ersichtlich, daß E die Polare von g bezüglich M ist. Will man z. B. durch a die parallele Ebene zu ε legen, so ist deren Spur wegen der zentrischen Ähnlichkeit aus g wieder die Polare von g bezüglich A. Es ist also die Stellung der Ebene ε ohne Zuhilfenahme des Mittelzykels zu ermitteln.

Jetzt sind wir in der Lage, das Apollonische Problem zu lösen, das heißt jene Kreise zu finden, die drei gegebene Kreise berühren. Nach der erörterten Methode orientieren wir die drei

Kreise und haben dann jene Zykel zu finden, die drei Zykel A_1, A_2, A_3 berühren. Die dazugehörigen Raumpunkte sind a_1, a_2, a_3 und die C-Kegel α_1, α_2, α_3. Das Problem führt nun auf die Aufgabe, die Schnittpunkte von α_1, α_2 und α_3 zu konstruieren. α_1 und α_2 schneiden sich nach dem Kegelschnitt K_{12}, der in der Ebene ε_{12} liegen soll; analog gibt es die Kegelschnitte K_{23} und K_{31}

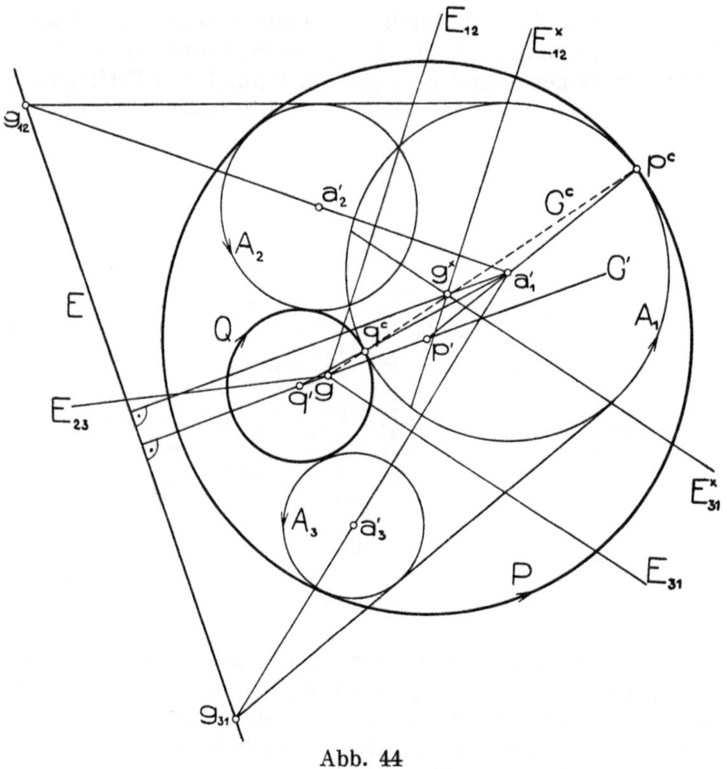

Abb. 44

in den Ebenen ε_{23} und ε_{31}. Die gesuchten Punkte sind schon beispielsweise die Schnittpunkte der Kurven K_{12} und K_{23}, die auf α_2 liegen. Es gibt zwei solche Punkte p und q, da die Ebenen ε_{12} und ε_{23} eine Schnittgerade G besitzen, deren Durchstoßpunkte mit α_2 eben p und q sind. Durch p und q geht auch K_{31}, da α_2 diese Punkte sowohl mit α_1 als auch mit α_3 gemeinsam hat, somit geht auch ε_{31} durch G. Die räumliche Lösung reduziert sich also darauf, die Gerade G als Schnittlinie zweier Ebenen ε zu ermitteln und G mit einem der drei C-Kegel zum Schnitt zu bringen; diese Schnittpunkte p und q sind schließlich zyklographisch abzubilden. Gleichzeitig ist damit die räumliche Aufgabe gelöst, diejenigen C-Kegel zu finden, die durch drei gegebene Punkte a_1, a_2, a_3 gehen; ihre Scheitel sind p und q.

Damit ist eine übersichtliche Behandlung der Apollonischen Aufgabe gefunden und gerade dieses Problem hat den Anstoß zur Aufstellung der Zyklographie gegeben. Zu drei Zykeln gibt es zwei Lösungen, somit zu allen acht Orientierungsmöglichkeiten der Kreise sechzehn Zykel; da je zwei entgegengesetzte Orientierungen aller drei Kreise zu entgegengesetzten Zykeln führen, so ergeben sich für die nichtorientierten Kreise acht Lösungen. Der Gang der räumlichen Überlegung bleibt im Prinzip derselbe, wenn die gegebenen Kreise in Punkte oder Gerade ausarten.

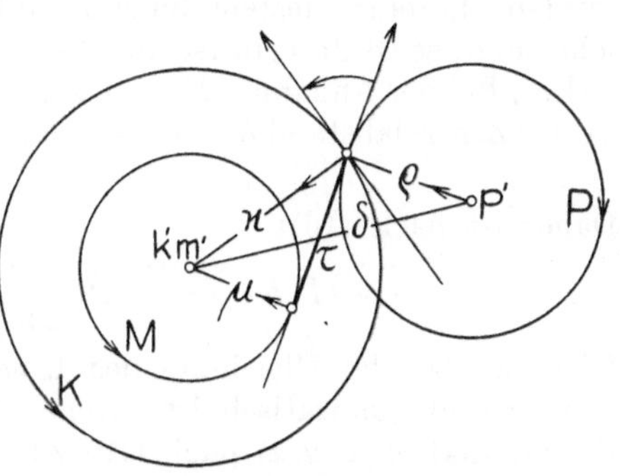

Abb. 45

Die zeichnerische Durchführung ist nach den zur Abb. 43 gegebenen Erklärungen nicht mehr schwierig; man kann sich bei der räumlichen Konstruktion irgend einer einfachen Abbildung, z. B. des Grund- und Aufrißverfahrens oder der kotierten Projektion bedienen. Wenn man sich bloß an den oben gegebenen Raumvorgang hält, so wird die Konstruktion etwas umständlich. Im folgenden wird eine einfachere Art unter Zuhilfenahme des Spur- und Fluchtpunktverfahrens der Perspektive bei der Annahme von drei Zykeln wirklich durchgeführt (Abb. 44).

Gegeben sind die Zykel A_1, A_2, A_3 und A_1 soll zugleich der Distanzkreis einer perspektiven Abbildung sein, so daß a_1 der Augpunkt wird. Die Ähnlichkeitspunkte g_{12}, g_{23}, g_{31} je zweier Zykel liegen auf der Ähnlichkeitsachse E. Die Spuren der Ebenen ε_{12}, ε_{23}, ε_{31} sind die drei Chordalen E_{12}, E_{23}, E_{31}, die sich im Potenzzentrum g schneiden; g ist schon der Spurpunkt der verlangten Geraden G. Die Fluchtspur $E_{12}{}^{\times}$ von ε_{12} ist nach dem Vorangehenden (S. 97) die Polare von g_{12} bezüglich A_1 und analog findet man die Fluchtspur $E_{31}{}^{\times}$ von ε_{31}. Der Schnittpunkt $g^{\times}$ von $E_{12}{}^{\times}$ und $E_{31}{}^{\times}$ ist der Fluchtpunkt von G; da er auch der Pol von E bezüglich A_1 ist, so muß die Gerade $a'_1 g^{\times}$ zu E normal stehen und man hätte die Geraden E_{31} und $E_{31}{}^{\times}$ ersparen können. Das perspektive Bild

G^e von G ist die Gerade $g\,g^{\times}$, der Grundriß G' von G ist das Lot von g auf E. Jetzt haben wir noch von G die Schnittpunkte p und q mit dem durch A_1 gehenden C-Kegel zu suchen, das heißt ihre perspektiven Bilder p^e und q^e sind die Schnittpunkte von G^e mit A_1. Deren Grundrisse p' und q' findet man, wenn man p^e und q^e aus $a_1{}'$ auf G' projiziert. Die gesuchten Zykel P und Q haben die Mittelpunkte p' und q' und berühren A_1 in p^e und q^e.

Das Isogonalsystem. Die bisherigen Aufgaben über Speere und Zykel führten auf Lagebeziehungen im Raume. Nun wollen wir untersuchen, wie sich die metrischen Begriffe bei Zykeln (Schnittwinkel, Tangentialentfernung) auf den Raum übertragen. Vorerst soll das System aller Zykel P untersucht werden, die einen festen Zykel K unter konstantem cos-Wert γ schneiden; es ist dies ein Isogonalsystem und K ist sein Isogonalzykel. Bei der Annahme $K\,(0, 0, \varkappa)$, $P\,(\xi, \eta, \varrho)$ und $\cos\,(P\,K) = \gamma$ ist der Zentralabstand δ eines laufenden Zykels P von K (Abb. 45)

$$\delta^2 = \xi^2 + \eta^2.$$

Daher ist nach (16):

$$\cos\,(P\,K) = \frac{\varkappa^2 + \varrho^2 - (\xi^2 + \eta^2)}{2\,\varkappa\,\varrho} = \gamma.$$

Dies ist also die Gleichung des Isogonalsystems, die in Zykelkoordinaten quadratisch ist. Gehen wir vom Zykel P auf den Raumpunkt $p\,(x, y, z)$ nach (19) zurück, so erhalten wir:

$$\varkappa^2 + z^2 - (x^2 + y^2) = 2\,\gamma\,\varkappa\,z$$

oder

$$x^2 + y^2 - (z - \gamma\,\varkappa)^2 = \varkappa^2\,(1 - \gamma^2). \tag{21}$$

Das ist die Gleichung eines gleichseitigen Rotationshyperboloids Φ, dessen Mittelpunkt $m\,(0, 0, \mu)$ ist; sein Bildzykel ist $M\,(0, 0, \mu)$, wobei

$$\mu = \gamma\,\varkappa. \tag{22}$$

Suchen wir noch die Tangentialentfernung τ zwischen einem beliebigen Zykel P und diesem Zykel M, so ist nach (17):

$$\tau^2 = \delta^2 - (\mu - \varrho)^2 = \xi^2 + \eta^2 - (\gamma\,\varkappa - \varrho)^2 = \varkappa^2\,(1 - \gamma^2). \tag{23}$$

Alle Zykel des Isogonalsystems haben also von M — welcher Mittelzykel genannt wird — die gleichen Tangentialentfernungen. Das System ist also durch den Isogonal- und Mittelzykel, welche konzentrisch sein müssen, vollständig bestimmt, denn es folgt aus den Radien $\varkappa$ und μ nach (22) und (23) sofort

$$\text{für den Schnittwinkel: } \gamma = \frac{\mu}{\varkappa}$$

und für die Tangentialentfernung: $\tau^2 = \varkappa^2 - \mu^2$.

Ein Isogonalsystem läßt sich also auch als System konstanter Tangentialentfernung bezeichnen und umgekehrt. Es sind also Aufgaben über Schnittwinkel von Zykeln identisch mit solchen über Tangentialentfernungen. Überträgt man die Ergebnisse von Π auf den Raum, so ist K der Spurkreis der Fläche Φ (folgt aus (21) für $z = 0$), ferner gibt τ den Radius des Kehlkreises von Φ an, wenn man darunter den durch den Mittelpunkt parallel zu Π geführten Schnitt der Fläche versteht. Wir haben also: Ein Isogonalsystem in Π überträgt sich auf die Punkte eines gleichseitigen, lotrechten Rotationshyperboloids Φ, wobei der Isogonalzykel dessen Spurkreis und der Mittelzykel das Bild des Mittelpunktes von Φ ist (Spurkreis des Asymptotenkegels, der ein C-Kegel sein muß).

Φ kann einschalig oder zweischalig sein, je nachdem der Kehlkreis reell oder nullteilig [1]) ist, das heißt, je nachdem die rechte Seite von (21) > 0 oder < 0 ist. Geht man von einer reellen Fläche Φ aus, so ist der dazugehörige Mittelzykel immer reell; der Isogonalzykel kann im Falle der zweischaligen Fläche auch nullteilig werden. Φ kann auch als Grenzfall in einen C-Kegel ausarten.

Ein besonderer Fall tritt für $\mu = 0$ ein; Φ hat ihren Mittelpunkt in Π, der Schnittwinkel ist 90^0 und das Quadrat der Tangentialentfernung ist die Potenz jedes Systemzykels bezüglich m'. Man hat es mit einem Orthogonalsystem von Kreisen zu tun, da jeder Zykel auch mit seiner entgegengesetzten Orientierung dem System angehört. K ist der Orthogonal- oder Grundkreis dieses Systems, welcher sowohl reell als auch nullteilig sein kann. Für den letzteren Fall soll sein Radius

$$\varkappa = \bar{\varkappa} i$$

werden, wo $\bar{\varkappa}$ eine reelle Zahl bedeutet. Die Potenz aller Systemkreise bezüglich m' wird dann $-\bar{\varkappa}^2$ und es besteht also das Orthogonalsystem mit nullteiligem Grundkreise aus allen Kreisen, die seinen reellen Vertreter (Kreis mit dem Radius $\bar{\varkappa}$) in diametral liegenden Punkten schneiden. Die zum Orthogonalsystem mit reellem (nullteiligem) Grundkreise gehörige Fläche Φ ist einschalig (zweischalig) und hat die Gleichung:

$$x^2 + y^2 - z^2 = \varkappa^2.$$

Mit Hilfe der Flächen Φ lassen sich nun die Aufgaben lösen, die von Schnittwinkeln oder Tangentialentfernungen von Zykeln

---

[1]) Ein nullteiliger Kreis hat reellen Mittelpunkt und rein imaginären Radius.

handeln. An wichtigster Stelle steht hier das zyklographisch verallgemeinerte Apollonische Problem, das ist die Frage nach denjenigen Zykeln, die von drei gegebenen Zykeln gegebene Tangentialentfernungen haben. Es sind hier die gemeinsamen Zykel dreier Isogonalsysteme aufzusuchen, was räumlich auf die Schnittpunkte dreier Flächen Φ hinauskommt. Diese räumliche Aufgabe läßt sich ganz analog behandeln wie bei drei C-Kegeln, wobei nur noch bemerkt werden soll, daß sich zwei beliebige Flächen Φ ebenso immer nach einem Kegelschnitt schneiden müssen, da sie alle durch den uneigentlichen Kegelschnitt C_∞ hindurchgehen.

Wir fragen schließlich noch nach den Zykeln $K(\xi, \eta, \varrho)$, die von zwei Zykeln $K_1(\xi_1, \eta_1, \varrho_1)$ und $K_2(\xi_2, \eta_2, \varrho_2)$ gleiche Tangentialentfernungen haben. Nach (17) erhalten wir:

$$(\xi - \xi_1)^2 + (\eta - \eta_1)^2 - (\varrho - \varrho_1)^2 = (\xi - \xi_2)^2 + (\eta - \eta_2)^2 - \\ - (\varrho - \varrho_2)^2.$$

Das ist aber eine lineare Beziehung zwischen ξ, η, ϱ und die zu den Zykeln K gehörigen Raumpunkte liegen also in einer Ebene. Das gesuchte System ist ebenfalls linear und seine Achse, auf welcher ja die Nullzykel liegen müssen, ist die Chordale von K_1 und K_2. Der Mittelzykel zwischen K_1 und K_2 (vgl. Abb. 43) muß auch dem System angehören, da er derjenige Zykel in der durch K_1 und K_2 bestimmten Reihe ist, der von K_1 und K_2 gleiche Tangentialentfernungen hat. Alle Zykel, die von zwei gegebenen Zykeln gleiche Tangentialentfernungen haben, bilden ein lineares System, dessen Achse die Chordale der gegebenen Zykel ist und dem der Mittelzykel angehört.

Pseudogeometrie. Wir wollen nunmehr auf den Begriff der Tangentialentfernung zweier Zykel in Π eine neue Geometrie im Raume gründen, die zwar von der Euklidischen Geometrie verschieden ist, aber doch mit ihr weitgehende Analogien aufweist, weshalb sie als Pseudogeometrie ($\mathfrak{P}$-Geometrie) bezeichnet werden soll. In dieser neuen Geometrie soll vorerst unter den Begriffen „Punkt" und „Gerade" dasselbe verstanden werden, wie gewöhnlich, ebenso bleibt — wie sich noch zeigen wird — der Begriff „Ebene" ungeändert. Die Lagenbeziehungen dieser Gebilde sollen auch die gewöhnlichen sein, so daß es, solange es sich um Lagenaufgaben handelt (die in der bekannten Weise zyklographisch abgebildet werden können), keinen Unterschied zwischen $\mathfrak{P}$-Geometrie und gewöhnlicher projektiver

Geometrie gibt. Der Unterschied tritt erst bei den Maßbeziehungen auf, wenn wir für die Entfernung zweier Raumpunkte in der 𝔓-Geometrie (wir nennen sie die 𝔓-Entfernung) nicht mehr das Maß ihrer Verbindungsstrecke annehmen, sondern folgende Festsetzung[1]) treffen: Unter der 𝔓-Entfernung zweier Punkte $p_1(x_1, y_1, z_1)$ und $p_2(x_2, y_2, z_2)$ versteht man die Tangentialentfernung ihrer Bildzykel P_1 und P_2. Nach (17) lautet also die Definitionsgleichung für die 𝔓-Entfernung:

$$\tau = \sqrt{\delta^2 - (z_1 - z_2)^2} = \sqrt{(x_1 - x_2)^2 + (y_1 - y_2)^2 - (z_1 - z_2)^2}, \tag{23}$$

worin δ der Abstand der Grundrisse von p_1 und p_2 ist. Vergleicht man diese Formel mit der des gewöhnlichen Abstandes zweier Punkte, so erkennt man, daß der Unterschied zwischen der 𝔓-Geometrie und der Euklidischen Geometrie analytisch auf die Verschiedenheit des Vorzeichens eines Gliedes unter der Wurzel (23) zurückgeht.

Weiter soll angenommen sein, daß in der 𝔓-Geometrie zwei Gerade als parallel bezeichnet werden, wenn sie im gewöhnlichen Sinne parallel sind. Der Parallelismus in der 𝔓-Geometrie ist also identisch mit dem in der gewöhnlichen Geometrie, das heißt die uneigentliche Ebene Ω spielt dieselbe Rolle in beiden Geometrien. Es bleibt die 𝔓-Länge einer starren Strecke, die parallel zu sich selbst irgendwie verschoben wird, ungeändert, weil die Differenzen $x_1 - x_2$, $y_1 - y_2$, $z_1 - z_2$ dabei sich selbst gleichbleiben. Insbesondere bleibt die 𝔓-Länge bei der Verschiebung der Strecke in ihrer Geraden erhalten, so daß man in der 𝔓-Geometrie auf einer Geraden eine Strecke wie gewöhnlich fortlaufend auftragen und teilen kann, kurz alle Streckenkonstruktionen wie gewöhnlich durchführen und auch auf parallele Gerade kongruent übertragen kann. Man ist aber damit noch nicht imstande, eine Strecke von einer Geraden auf eine dazu nichtparallele so zu überführen, daß ihre 𝔓-Länge gleichbleibt, denn es haben — wie sogleich zu zeigen sein wird — Strecken gleicher 𝔓-Länge auf Nichtparallelen verschiedene Längen im gewöhnlichen Sinne.

Wenn wir uns auf reelle Raumpunkte beschränken, so erkennen wir aus (23), daß die 𝔓-Entfernung zweier Punkte nicht immer reell zu sein braucht. Sie ist dann reell, wenn $|\delta| > |z_1 - z_2|$, das heißt wenn die Verbindungsgerade der beiden Punkte

[1]) Eine Festsetzung dieser Art ist nur dann berechtigt, wenn sie auf keine Widersprüche führt.

unter einem Winkel zu Π geneigt ist, der kleiner ist als 45^0. Ist dieser Neigungswinkel $> 45^0$, so ist wegen $|\delta| < |z_1 - z_2|$ die $\mathfrak{P}$-Entfernung imaginär und dem entspricht eben eine imaginäre Tangentialentfernung der Bildzykel, die keine reellen Berührungsspeere gemeinsam haben. Es können zwei voneinander verschiedene Punkte die $\mathfrak{P}$-Entfernung Null haben, was dann eintritt, wenn $|\delta| = |z_1 - z_2|$, das heißt wenn sie auf einer C-Geraden liegen. Der analoge Fall findet in der gewöhnlichen Geometrie bei den Minimalgeraden statt, das sind die Treffgeraden des absoluten Kugelkreises. Die C-Geraden treffen alle den unendlichfernen, aber reellen Kegelschnitt C_∞, welcher hier also die Stelle des Kugelkreises einnimmt; sie sind also in der $\mathfrak{P}$-Geometrie als $\mathfrak{P}$-Minimalgerade zu bezeichnen.

Da die $\mathfrak{P}$-Streckenmessung auf Parallelen gleich ist und innerhalb jeder Geraden wie gewöhnlich geschieht, so genügt es, alle von einem Punkte o (0, 0, 0) ausgehenden Strecken zu betrachten, deren $\mathfrak{P}$-Entfernung 1 ist. Es gilt dann für alle Punkte p (x, y, z), die von o diese $\mathfrak{P}$-Entfernung haben, nach (23) die Gleichung:

$$x^2 + y^2 - z^2 = 1. \tag{24}$$

Die Punkte p erfüllen also eine Fläche Φ, ein einschaliges, gleichseitiges Rotationshyperboloid mit lotrechter Achse, dessen zyklographisches Bild ein Orthogonalsystem von Kreisen mit dem Grundkreis vom Radius 1 ergibt. Hätte man alle Punkte aufgesucht, die von p_1 (x_1, y_1, z_1) die $\mathfrak{P}$-Entfernung τ haben, so erhielte man wiederum eine Fläche Φ mit der Gleichung (23), deren zyklographisches Bild ein Isogonalsystem ist. Da jede Fläche Φ durch C_∞ geht, so kann sie in Analogie zur Euklidischen Geometrie als $\mathfrak{P}$-Kugel bezeichnet werden; diese Bezeichnung wird auch noch durch die metrische Analogie gerechtfertigt: Eine $\mathfrak{P}$-Kugel ist der Ort aller Punkte, die von einem gegebenen Punkt ($\mathfrak{P}$-Mittelpunkt) dieselbe $\mathfrak{P}$-Entfernung ($\mathfrak{P}$-Radius) besitzen. Insbesondere hat die $\mathfrak{P}$-Kugel (24) den $\mathfrak{P}$-Radius 1, und sie soll, da sie für jede Richtung im Raume die $\mathfrak{P}$-Längeneinheit angibt, die $\mathfrak{P}$-Eichkugel Φ_0 genannt werden.

Die Angabe von Φ_0 genügt für die Streckenmessung in der $\mathfrak{P}$-Geometrie. Will man auf einer beliebigen Geraden die $\mathfrak{P}$-Einheitsstrecke haben, so verschiebt man sie parallel in den Mittelpunkt von Φ_0 und es ist nun die Strecke zwischen o und einem Schnittpunkt dieser Parallelen mit Φ_0 die gesuchte Einheit. Die reellen Einheitsstrecken erscheinen je nach der Richtung in verschiedenen Längen (im gewöhnlichen Sinne); für einen Neigungswinkel $< 45^0$ zeigt sich die $\mathfrak{P}$-Einheitsstrecke als reelle, für einen

Winkel $> 45^0$ als imaginäre Strecke, auf einer 𝔓-Minimalgeraden ist sie unendlich groß. Will man imaginäre 𝔓-Strecken betrachten, so insbesondere die von der Größe $i = \sqrt{-1}$, so liegen alle Punkte, die von o die 𝔓-Entfernung i haben, auf der Fläche

$$x^2 + y^2 - z^2 = -1,$$

und diese ist das zu Φ_0 konjugierte Hyperboloid. Die einschaligen (zweischaligen) Hyperboloide Φ sind 𝔓-Kugeln mit reellem (imaginärem) 𝔓-Halbmesser. Man kann nun unter Zuhilfenahme von Φ_0 eine beliebige Raumstrecke 𝔓-geometrisch messen, wenn man zu ihrer Richtung die 𝔓-Einheitsstrecke feststellt, und das Verhältnis der gegebenen Strecke zu dieser Einheit wie gewöhnlich bestimmt.

Für die 𝔓-Kugeln gelten auch analoge Sätze wie für die gewöhnlichen Kugeln. Wir nennen einen ebenen Schnitt einer 𝔓-Kugel einen 𝔓-Kreis, weil er C_∞ zweimal schneidet; metrisch aufgefaßt ist er der Ort aller Punkte, die in einer Ebene liegen und von einem Punkte (der sowohl außerhalb der Ebene als auch in ihr liegen kann) gleiche 𝔓-Entfernungen haben. Die Gestalt eines 𝔓-Kreises richtet sich nach dem Neigungswinkel φ seiner Ebene. Es ergeben sich für $\varphi > 45^0$ Hyperbeln (oder Geradenpaare), für $\varphi < 45^0$ Ellipsen und für $\varphi = 45^0$ Parabeln. Speziell für $\varphi = 0$ erhält man Kreise, es wird also die 𝔓-Geometrie in einer zu Π parallelen Ebene identisch mit der Euklidischen. Zwei 𝔓-Kugeln schneiden sich in einem 𝔓-Kreise, da dieser Schnitt eben sein muß.

Auf dieser Grundlage gelangt man zu metrischen Sätzen in der 𝔓-Geometrie, wenn man die bekannten Sätze der gewöhnlichen Geometrie sinngemäß überträgt. So z. B. kann eine Ebene als Symmetrieebene einer Strecke $p_1 p_2$ aufgefaßt werden, das heißt als Ort aller Punkte, die von p_1 und p_2 gleiche Abstände haben. Die 𝔓-Symmetrieebene von $\overline{p_1 p_2}$ als Ort der Punkte gleicher 𝔓-Entfernungen bildet sich zyklographisch (vgl. S. 102) als lineares System ab und ist eine Ebene im gewöhnlichen Sinne, die den Mittelpunkt der Strecke $p_1 p_2$ enthält. Damit ist unsere Annahme bestätigt, daß eine Ebene in der 𝔓-Geometrie eine gewöhnliche Ebene ist. Man muß nun die Stellung der 𝔓-Symmetrieebene zur Geraden $p_1 p_2$ als 𝔓-normal bezeichnen und erkennt — wie schon Abb. 43 zeigt — daß diese 𝔓-Normalstellung nicht identisch ist mit dem gewöhnlichen Normalstehen von Gerade und Ebene. Wir hätten hier einen Ausgangspunkt für die 𝔓-Normalität, die wir jedoch auf anderem Wege herstellen wollen.

Wir denken uns eine 𝔓-Kugel Φ mit dem Mittelpunkt m und auf ihr einen Punkt p. Aus bekannter Analogie bezeichnen wir die Gerade mp als 𝔓-normal zur Tangentialebene in p. Legt man um m alle 𝔓-Kugeln, so sind sie untereinander zentrisch ähnlich und die Tangentialebenen in den Schnittpunkten der Geraden mp sind daher zueinander parallel. Es sind also die zu einer Geraden gelegten 𝔓-Normalebenen untereinander parallel. Hält man die Tangentialebene in p fest und verschiebt Φ parallel so, daß sie immer diese Ebene berührt, so laufen die Berührungsradien in allen Lagen wieder parallel, was den Satz ergibt, daß alle 𝔓-Normalen zu einer Ebene parallele Gerade sind. Es wird sich also darum handeln, zu einer bestimmten Stellung einer Geraden die dazugehörige Stellung der 𝔓-Normalebene zu finden und umgekehrt. Verschiebt man die Tangentialebene von p parallel in den Mittelpunkt m, so ist diese neue Ebene die Polarebene zu mp bezüglich des Asymptotenkegels. Auf das Unendlichferne übertragen heißt dies, daß ihre uneigentliche Gerade die Polare des uneigentlichen Punktes der Geraden mp bezüglich C_∞ ist. Wir erhalten also den Satz: Eine Gerade und eine Ebene sind 𝔓-normal, wenn ihre uneigentlichen Elemente Pol und Polare bezüglich C_∞ sind.

Denkt man sich eine Perspektive mit dem Augpunkt a und der Bildebene Π, so ist der Bildzykel A das Zentralbild von C_∞, also der Distanzkreis. Die Fluchtelemente einer Geraden und einer Ebene, die aufeinander 𝔓-normal stehen, sind Pol und Polare bezüglich A. Die weiteren Beziehungen sind klar: zwei Gerade sind 𝔓-normal, wenn ihre Fluchtpunkte, zwei Ebenen sind 𝔓-normal, wenn ihre Fluchtspuren bezüglich A konjugiert sind. Es lassen sich daher die dazugehörigen Aufgaben mittels eines Distanzkreises ebenso lösen, wie gewöhnlich, nur tritt an die Stelle der Antipolarität bezüglich A in der 𝔓-Geometrie die Polarität schlechtweg. Der Kegelschnitt C_∞ spielt also in jeder Beziehung in der 𝔓-Geometrie die Rolle des absoluten Kugelkreises, dessen reeller Vertreter er ist. Die Winkelbeziehungen in der 𝔓-Geometrie sind als Lagebeziehungen bezüglich des ausgezeichneten, unendlich fernen Kegelschnittes C_∞ aufzufassen. Auf weitere Maßbegriffe, z. B. auf die Größe eines Winkels in der 𝔓-Geometrie, wollen wir hier nicht weiter eingehen. Es soll nur soviel gesagt werden, daß zwei Winkel 𝔓-gleich sind, wenn sie entsprechende Winkel in zwei 𝔓-kongruenten Dreiecken sind.

Untersucht man die räumlichen linearen Punkttransformationen vom Standpunkte der 𝔓-Geometrie, so behalten die projektiven und affinen Transformationen einschließlich der zentrischen Ähnlichkeiten ihre Geltung. Die kongruenten Transformationen der Euklidischen Geometrie zerfallen in Bewegungen (gleichsinnige Kongruenzen) und Umlegungen (ungleichsinnige Kongruenzen, zusammengesetzt aus einer Bewegung und einer Spiegelung an einer Ebene). Analog gibt es 𝔓-Bewegungen und 𝔓-Umlegungen, die dadurch gekennzeichnet sind, daß die 𝔓-Längen entsprechender Strecken erhalten bleiben; dabei gehen 𝔓-Kugeln wieder in solche über, die uneigentliche Ebene Ω bleibt erhalten, sodaß also $C\infty$ in sich transformiert wird. Bildet man die 𝔓-Bewegungen und 𝔓-Umlegungen zyklographisch ab, so erhält man in Π Zykeltransformationen, deren Eigenschaft darin besteht, daß die Tangentialentfernungen entsprechender Zykelpaare ungeändert bleiben. Man nennt diese Transformationen in Π deshalb äquidistante (längentreue) Zykeltransformationen; sie bilden das duale Gegenstück zu den konformen (winkeltreuen) Transformationen in der Geometrie nichtorientierter Kreise. Wir wollen nur die zwei wichtigsten Fälle dieser Art herausgreifen.

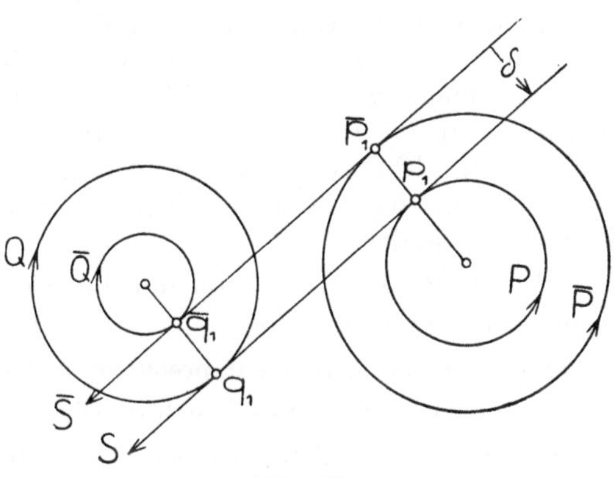

Abb. 46

Dilatation. Verschiebt man den Raum normal zu Π um die gerichtete Strecke δ, so wird jeder Zykel in einen konzentrischen transformiert, wobei der ursprüngliche Radius um δ (im algebraischen Sinne) vergrößert wird. Die Zykel P und Q z. B. (Abb. 46) gehen in die Zykel $\bar{P}$ und $\bar{Q}$ über, ein gemeinsamer Berührungsspeer S in $\bar{S}$, so daß der Abstand des Speeres S von $\bar{S}$ den Wert δ hat. Wir erhalten die schon gestreifte Dilatation, die auch als eine Speertransformation aufgefaßt werden kann, bei welcher jeder Speer der Ebene in einen dazu parallelen übergeht, der stets aus dem ursprünglichen durch Parallelverschiebung um eine bestimmte Strecke nach derselben Seite erhalten wird. Diese Transformation der Speere ergibt sich auch sofort aus der räumlichen Betrachtung, wenn man bedenkt, daß zu jedem

Speere eine $\mathfrak{P}$-Minimalebene gehört, die bei einer Translation normal zu Π in eine parallele verwandelt wird. Daß die Tangentialentfernungen entsprechender Zykelpaare erhalten bleiben, ist unmittelbar aus der Abb. 46 ersichtlich, denn es ist $p_1 q_1 = \bar{p}_1 \bar{q}_1$. Alle Zykel, die S in p_1 berühren, gehen wegen der Translation der dazugehörigen $\mathfrak{P}$-Minimalgeraden in Zykel über, die $\bar{S}$ in $\bar{p}_1$ berühren. Es geht also das orientierte Linienelement $(S\, p_1)$ in ein ebensolches $(\bar{S}\, \bar{p}_1)$ über, wir haben es mit einer sogenannten orientierten Berührungstransformation zu tun. Mit der Dilatation ist also eine Transformation orientierter Linienelemente verbunden, die so beschaffen ist, daß zwei Elementen mit gemeinsamem Speer wieder solche entsprechen, wobei die Größe und Richtung der Abstände ihrer Punkte gleich bleibt. Die Linienelemente eines Zykels gehen wieder in die eines Zykels über und allgemein werden die Linienelemente einer orientierten Kurve K_1 in die der orientierten Parallelkurve $\bar{K}_1$ transformiert (vgl. S. 92). Ein Nullzykel (alle Linienelemente mit gemeinsamem Punkt) wird im allgemeinen in einen Zykel mit endlichem Radius verwandelt.

Wir wollen die Dilatation um die Strecke δ als Speertransformation analytisch fassen, so daß infolge $S \to \bar{S}$ ein beliebiger Speer $S\,(u, v, w)$ in den entsprechenden $\bar{S}\,(\bar{u}, \bar{v}, \bar{w})$ transformiert wird. Zur Dilatation $S \to \bar{S}$ gehört die Strecke δ, zur inversen Transformation $\bar{S} \to S$ die Strecke $-\delta$. Nimmt man die laufenden Koordinaten eines Punktes auf $\bar{S}$ mit $\mathfrak{x}, \mathfrak{y}$ an, so ist der Abstand dieses Punktes von S nach (3)

$$\frac{u\,\mathfrak{x} + v\,\mathfrak{y} + 1}{w} = -\delta.$$

Daher lautet die Gleichung der Geraden $\bar{S}$:

$$u\,\mathfrak{x} + v\,\mathfrak{y} + 1 + \delta\, w = 0$$

$$\text{oder} \quad \frac{u}{1 + \delta\, w}\,\mathfrak{x} + \frac{v}{1 + \delta\, w}\,\mathfrak{y} + 1 = 0.$$

Es ergibt sich also für die Koordinaten des Speeres $\bar{S}$:

$$\bar{u} = \frac{u}{1 + \delta\, w}$$

$$\bar{v} = \frac{v}{1 + \delta\, w}$$

$$\bar{w} = \pm \sqrt{\bar{u}^2 + \bar{v}^2} = \pm \frac{w}{1 + \delta\, w}.$$

Das Vorzeichen von $\overline{w}$ muß noch besonders festgestellt werden; ist $w > 0$ und $\delta > 0$, so muß auch $\overline{w} > 0$ werden, sodaß endgültig kommt:

$$\overline{w} = \frac{w}{1 + \delta w}.$$

Die inverse Dilatation $\overline{S} \longrightarrow S$ hat dann die Gleichungen:

$$\begin{aligned} u &= \frac{\overline{u}}{1 - \delta \overline{w}} \\ v &= \frac{\overline{v}}{1 - \delta \overline{w}} \\ w &= \frac{\overline{w}}{1 - \delta \overline{w}}. \end{aligned} \tag{25}$$

Es geht also ein Zykel $P(\xi, \eta, \varrho)$ mit der Gleichung

$$\xi u + \eta v + 1 - \varrho w = 0$$

in den Zykel $\overline{P}$

$$\xi \overline{u} + \eta \overline{v} + 1 - (\varrho + \delta) \overline{w} = 0$$

mit den Koordinaten $\xi, \eta, \varrho + \delta$ über.

𝔓-Spiegelung und Laguerresche Inversion. Unter einer 𝔓-Spiegelung an einer Ebene ε wollen wir jene Punkttransformation $p_1 \longrightarrow p_2$ analog zur gewöhnlichen Spiegelung verstehen, bei der ε immer die 𝔓-Symmetrieebene zu zwei einander entsprechenden Punkten p_1 und p_2 ist. Es steht also die Gerade $p_1 p_2$ auf ε 𝔓-normal und die Strecke $p_1 p_2$ wird von ε halbiert; wir haben es also mit einer schiefen Symmetrie im gewohnten Sinne zu tun, bei der sich entsprechende Gerade und Ebenen in ε schneiden, parallele Gerade und Ebenen wieder in solche übergehen usw. Denkt man sich um p_1 und p_2 𝔓-Kugeln mit gleichen 𝔓-Radien geschlagen, so liegt ihr Schnitt-𝔓-Kreis in ε. Legt man insbesondere 𝔓-Minimalkegel mit den Scheiteln p_1 und p_2, so schneiden sie sich ebenfalls in einem 𝔓-Kreise (vgl. Abb. 43), der in ε liegt, es ist also ein solcher 𝔓-Minimalkegel das 𝔓-Spiegelbild des anderen. Zieht man z. B. durch p_1 eine 𝔓-Minimalgerade, die ε in q trifft, so geht sie durch die 𝔓-Spiegelung in die 𝔓-Minimalgerade $p_2 q$ über. Eine 𝔓-Minimalebene durch p_1, die ε nach G schneidet, wird in die 𝔓-Minimalebene $p_2 G$ transformiert. Eine 𝔓-Spiegelung läßt also die Gesamtheit der 𝔓-Minimalgeraden und 𝔓-Minimalebenen, daher auch C_∞ ungeändert. Die Angabe der 𝔓-Spiegelungsebene genügt zur Bestimmung dieser Transformation. Durch zyklographische Abbildung gelangt man zu einer äquidistanten Zykeltransformation, mit der natürlich eine Speertransformation (wegen der mit ihnen zusammenhängenden 𝔓-Minimalebenen) und eine Transformation orientierter Linienelemente (entsprechend den 𝔓-Minimalgeraden) verbunden ist.

Eine Ebene ε sei gegeben durch ein lineares Zykelsystem mit einem Zykel P und der Achse E (Abb. 47). Der Pol e von E bezüglich P ist der Spurpunkt der durch den Raumpunkt p gehenden 𝔓-Normalen auf ε. Irgend zwei 𝔓-symmetrische Punkte p_1 und p_2 auf dieser 𝔓-Normalen haben die Bildzykel P_1 und P_2, die der durch P und e gegebenen Zykelreihe angehören müssen und von denen P der Mittelzykel ist. Da jeder Punkt von ε von p_1 und p_2 gleiche 𝔓-Entfernungen hat, so müssen die Tangentialentfernungen eines beliebigen Zykels des gegebenen linearen Systems von P_1 und P_2 gleich groß sein. Insbesondere hat jeder Punkt von E (als Nullzykel) dieselbe Potenz bezüglich P_1 und P_2, E ist also die Chordale von P_1 und P_2. Wir erhalten also den Satz der Zykeltransformation: Entsprechende Zykel schneiden sich auf E. Diese Gerade wird daher auch als Achse der Transformation bezeichnet.

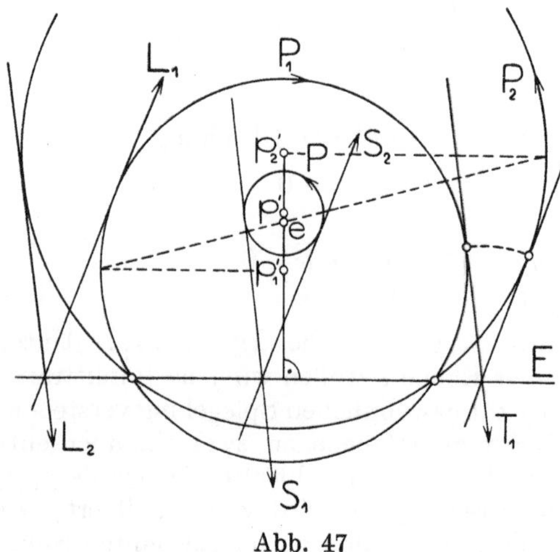

Abb. 47

Legt man an P den berührenden Speer S_1, so ist er die Spur einer durch p gehenden 𝔓-Minimalebene σ_1; vermittels der 𝔓-Symmetrie geht σ_1 in eine andere 𝔓-Minimalebene σ_2 über, die ebenfalls durch p geht und sich mit σ_1 auf ε schneiden muß. Die Spur S_2 von σ_2 ist also ein Speer, der ebenfalls P berührt und sich mit S_1 auf E trifft. Zieht man durch einen in ε befindlichen Punkt p alle 𝔓-Minimalebenen und sucht die dazu 𝔓-symmetrischen, so haben die einander entsprechenden Ebenen Bildspeere, die man erhält, wenn man aus den Punkten von E die Berührungsspeere an P legt. Zwei zusammengehörige Speere dieser Art genügen der Gleichung (15):

$$tg \frac{(E\,S_1)}{2} \cdot tg \frac{(E\,S_2)}{2} = konst. \tag{26}$$

Dadurch ist aber schon die ganze Speertransformation festgelegt. Nimmt man einmal einen zu S_1 parallelen Speer T_1 an, der z. B. P_1 berührt, so gehört zu ihm eine $\mathfrak{P}$-Minimalebene τ_1 durch p_1. Die entsprechende τ_2 geht durch p_2 und ist zu σ_2 parallel, da ja $\tau_1 \parallel \sigma_1$ war. Es muß also T_2 zu S_2 parallel sein und P_2 berühren, ferner müssen sich T_1 und T_2 auf E schneiden. Die Speertransformation hat die Eigenschaft, daß sich entsprechende Speere auf der Achse schneiden und parallele Speere wieder in solche übergehen. Die Formel (26) gilt also für alle Speerpaare und kann daher als Gleichung dieser Transformation angesehen werden. Sie ist eine Inversion, das heißt, es ist gleichgültig, ob man einen Speerz um ersten oder zweiten Felde rechnet, der transformierte Speer bleibt beidemale derselbe. (Siehe die Speere L_1 und L_2 in der Abb. 47, wo $L_2 \| S_1$ und $L_1 \| S_2$ ist.) Wir sprechen daher von einer Inversion an einem linearen Zykelsystem oder nach ihrem Begründer von der Laguerreschen Spiegelung (Inversion). Sie ist durch die Achse E und die Gleichung (26) oder geometrisch durch die Achse und einen Zykel P, der die Zuordnung der Speerrichtungen angibt, bestimmt. Die $\mathfrak{P}$-Symmetrie bildet sich zyklographisch als Laguerresche Spiegelung ab.

Umhüllt ein Speer einen Zykel P_1, so umhüllt der entsprechende Speer P_2, wobei E die Chordale von P_1 und P_2 ist. Nimmt man alle Speere an, die durch einen Punkt gehen (Nullzykel), so umhüllen die entsprechenden wiederum einen Zykel; man hat dadurch im Raume zu einem Punkte von Π den zu ε $\mathfrak{P}$-symmetrischen aufgesucht. Insbesondere gehen bestimmte Zykel in sich selbst über, es sind dies die Bilder der Punkte von ε. In der Laguerreschen Inversion gibt es also ein lineares Zykelsystem, das elementweise in sich transformiert wird; es besteht aus allen Zykeln, die bezüglich der Achse eine feste Potenz haben. Wir haben somit die duale Transformation zur gewöhnlichen Kreisinversion vor uns.

Gegeben sei eine Zykelinversion durch die Achse E und einen selbstentsprechenden Zykel P, der diesmal E schneiden soll (Abb. 48). Ein Paar entsprechender Speere sind z. B. S_1 und S_2 mit dem Schnittpunkt s. Will man zu einem angenommenen Zykel Q_1 den inversen finden, so könnte man so vorgehen: man legt an Q_1 drei berührende Speere, zieht die dazu parallelen

Berührungsspeere an P und sucht die dazugehörigen, welche man parallel in die Schnittpunkte der ursprünglichen drei Speere mit E zurückverschiebt; der Berührungszykel der zuletzt gewonnenen Speere ist nun Q_2. Diese Konstruktion läßt sich aber vereinfachen, wenn man beachtet, daß E die Chordale von Q_1 und Q_2 sein muß. Es genügt dann ein einziger Berührungsspeer T_1, dessen zugehöriger T_2 den Zykel Q_2 berührt; die Zykelmittelpunkte q_1' und q_2' müssen auf einer Normalen zu E liegen. Ferner müssen die Tangentialentfernungen $t\,Q_1$ und $t\,Q_2$ gleich sein. Es gibt hier reelle Speere, die in sich übergehen und das sind die in den Schnittpunkten von P mit E gezogenen Berührungsspeere M und N und alle dazu parallelen. Daher müssen die gemeinsamen Berührungsspeere von Q_1 und Q_2 zu M und N parallel sein. Die ganze Konstruktion hätte sich nicht geändert, wenn Q_1 als Nullzykel angenommen worden wäre.

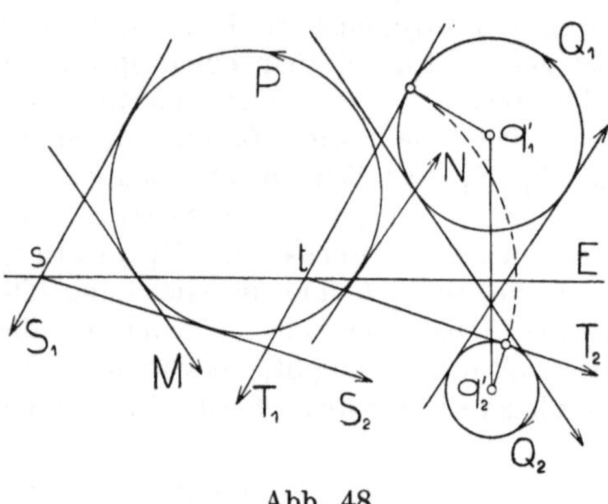

Abb. 48

Auf diese Art ist die Laguerresche Inversion konstruktiv behandelbar. Da die damit verknüpfte $\mathfrak{P}$-Spiegelung Gerade in Gerade und Ebenen in Ebenen usw. verwandelt, so gehen in Π lineare Zykelreihen, lineare Zykelsysteme, Isogonalsysteme usw. wieder in solche über. Insbesondere wird das System aller Nullzykel (Punkte von Π) in ein lineares System mit der Achse E übergeführt; dies entspricht der Aufsuchung der zu Π bezüglich ε $\mathfrak{P}$-symmetrisch gelegenen Ebene.

Mit Hilfe dieser Überlegungen läßt sich z. B. die Apollonische Aufgabe auf eine sehr einfache Art lösen. Gegeben sind die Zykel A, B, C, welche zu den Raumpunkten a, b, c gehören. Die Spur F der Ebene φ dieser drei Punkte ist die Ähnlichkeitsachse von A, B, C (Abb. 49). Wir suchen nun eine Inversion mit der Achse F, die die drei Zykel A, B, C in die Nullzykel a_1, b_1, c_1 transformiert. Räumlich bedeutet dies die Aufstellung einer Ebene ε, welche die $\mathfrak{P}$-Symmetrieebene zwischen Π und φ ist. Der Nullzykel a_1 muß mit A die Chordale F besitzen, ist also leicht mit Hilfe des Punktes f, der von a_1 und A die gleiche

Tangentialentfernung haben muß, zu konstruieren. Im Raume gibt $a\,a_1$ die Richtung der zu ε $\mathfrak{P}$-Normalen an. Ebenso sucht man b_1 und c_1, wobei man die Eigenschaft, daß sich $a'\,b'$ und $a_1\,b_1$ auf F schneiden, benützen kann. Die Inversion ist nun durch F und die entsprechenden Zykelpaare $A\,a_1$, $B\,b_1$, $C\,c_1$ bestimmt. Ein Zykel, der A, B und C berührt, geht in einen Zykel über, der durch die Punkte a_1, b_1, c_1 geht. Wir haben daher durch diese Punkte einen Kreis zu legen, der in zweifacher Orientierung

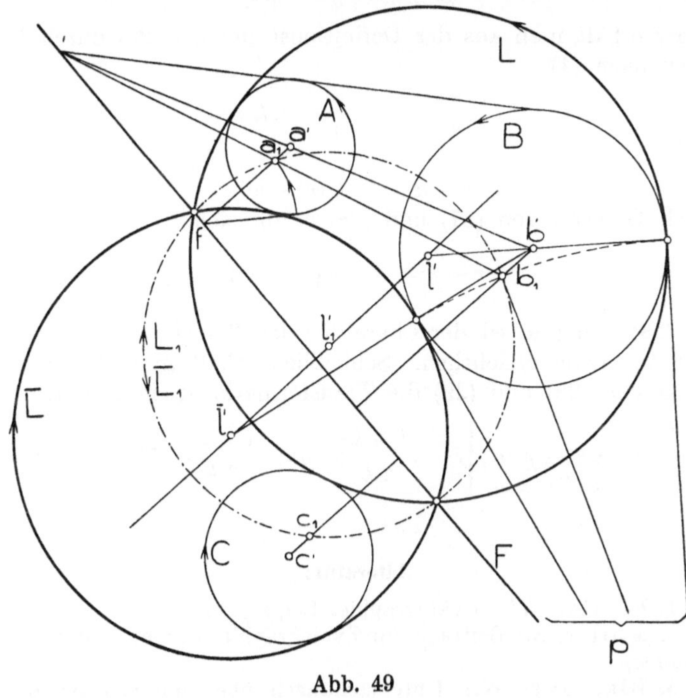

Abb. 49

die Zykel L_1 und $\overline{L}_1$ ergibt und schließlich die inversen Zykel L und $\overline{L}$ zu konstruieren. Legt man z. B. in b_1 an L_1 die Tangente, so muß der um ihren Schnittpunkt p mit F mit dem Radius $\overline{p b_1}$ geschlagene Kreis den Zykel B in den Berührungspunkten der Lösungszykel schneiden. Es sei noch bemerkt, daß das Apollonische Problem auf diese Art nur dann reell durchführbar ist, wenn die Ähnlichkeitsachse F die gegebenen Zykel nicht schneidet, wenn also der Neigungswinkel der Ebene φ kleiner als 45^0 ist.

Zum Schlusse soll noch die Laguerresche Spiegelung als Speertransformation analytisch angegeben werden. Wir machen die ξ-Achse zur Achse der Inversion und halten uns an die Beziehung, die zwischen entsprechenden Speeren S_1 (u, v, w) und S_2 (u', v', w') besteht:

$$\text{(26)} \qquad \operatorname{tg} \frac{(\xi S_1)}{2} \cdot \operatorname{tg} \frac{(\xi S_2)}{2} = k.$$

Da sich S_1 und S_2 auf der Achse schneiden, so muß wegen $u = u'$ auch gelten:

$$\text{(27)} \qquad v^2 - w^2 = v'^2 - w'^2.$$

Ferner erhält man aus der Definitionsgleichung (26) durch Einsetzen nach (4):

$$\frac{v - w}{u} \cdot \frac{-u'}{v' + w'} = k$$

oder:

$$\text{(28)} \qquad v - w = -k\,(v' + w').$$

Durch Division von (27) und (28) ergibt sich

$$\text{(29)} \qquad v + w = -\frac{1}{k}\,(v' - w').$$

Aus (28) und (29) ist der Charakter der Transformation als der einer Inversion ersichtlich. Schließlich erhält man durch Auflösung von (28) und (29) die Transformationsgleichungen:

$$\left.\begin{aligned} u &= u' \\ v &= -\lambda v' + \mu w' \\ w &= -\mu v' + \lambda w' \end{aligned}\right\} \lambda = \frac{1 + k^2}{2k}, \quad \mu = \frac{1 - k^2}{2k}, \quad \lambda^2 - \mu^2 = 1.$$

Literatur:

1. Fiedler, W.: Cyklographie, Leipzig 1882.

2. Müller, E.: Beiträge zur Zyklographie, Jhrsb. d. Math. Ver. 14 (1905).

3. Blaschke, W.: Untersuchungen über die Geometrie der Speere, Monatsh. Math. Phys. 21 (1910).

4. Müller, E.: Einige Gruppen von Sätzen über orientierte Kreise in der Ebene, Jhrsb. d. Math. Ver. 20 (1911).

5. Danzer, O.: Über Kurven, die sich zyklographisch als Zykloiden abbilden, Monatsh. Math. Phys. 22 (1911).

6. Kruppa, E.: Anwendung der Zyklographie auf einige Kegelschnittsysteme, Sitzgsber. Ak. Wien 121 (1912).

7. Müller, E.: Zyklographische Abbildung von Flächen und die Geometrie von Kurvenscharen in der Ebene, Stzgsber. Ak. Wien 129 (1920).

8. Müller, E.: Als 2. Bd. von Nr. 11 auf S. 15 ist ein ausführliches Lehrbuch der Zyklographie in Bearbeitung.

10. Einige andere Abbildungen

In diesem Abschnitte seien noch drei Abbildungen erwähnt, die zeigen, wie mannigfaltig das Anwendungsgebiet der darstellenden Geometrie werden kann. Im rechtwinkligen Koordinatensystem (x, y, z) sei wiederum die xy-Ebene die Bildebene Π, in welcher dann die Punktkoordinaten mit ξ, η bezeichnet werden.

Das duale Gegenstück zur Zyklographie. Bei der Zyklographie wurden die Zykelkoordinaten den Koordinaten der zugeordneten Raumpunkte gleichgesetzt. Geht man von den nichtorientierten Kreisen der Bildebene

$$\xi^2 + \eta^2 - 2\alpha\,\xi - 2\beta\,\eta + \gamma = 0$$

aus, so sind α, β, γ die Reyeschen Koordinaten eines Kreises und die Abbildungsgleichungen sollen nun lauten:

$$\alpha = x, \; \beta = y, \; \gamma = z.$$

Dem Raumpunkt $p\,(x, y, z)$ ist also der Kreis $P\,(\alpha, \beta, \gamma)$ eineindeutig zugeordnet. Der Mittelpunkt $p'\,(\alpha, \beta)$ von P ist der Grundriß von p und die Potenz des Kreises P bezüglich des Ursprunges o ist gleich dem mit Vorzeichen genommenen Abstand des Punktes p von Π. Die Nullkreise genügen der Beziehung

$$\alpha^2 + \beta^2 - \gamma = 0$$

und die entsprechenden Raumpunkte liegen daher auf einer Fläche Φ mit der Gleichung:

$$z = x^2 + y^2.$$

Φ ist ein Rotationsparaboloid mit der Achse Z und dem Scheitel o. Diese Fläche spielt hier eine ähnliche Rolle, wie der uneigentliche Kegelschnitt C_∞ in der mit der Zyklographie verknüpften $\mathfrak{P}$-Geometrie.

Die Gleichung der Polarebene von p bezüglich Φ lautet in laufenden Koordinaten ξ, η, ζ:

$$2x\,\xi + 2y\,\eta - \zeta - z = 0.$$

Ihr Schnitt mit Φ gibt den Kegelschnitt $\overline{P}$, den man als Ort der Berührungspunkte aller von p an Φ legbaren Tangenten erhält. $\overline{P}$ ist durch die vorstehende Gleichung und

$$\xi^2 + \eta^2 - \zeta = 0$$

gegeben. Der Grundriß von $\overline{P}$ wird durch Elimination von ζ erhalten und ist der Kreis P:

$$\xi^2 + \eta^2 - 2x\,\xi - 2y\,\eta + z = 0.$$

Man erhält also den Bildkreis von p, indem man zu p die Polarebene bezüglich Φ sucht und deren Schnitt mit Φ auf Π projiziert.

Jeder ebene Schnitt von Φ erscheint im Grundriß als Kreis, wir haben es also hier mit einer stereographischen Projektion der Fläche Φ zu tun, bei der die ebenen Schnitte eines Rotationsparaboloides aus dem uneigentlichen Punkte seiner Achse auf die Tangentialebene im Scheitel projiziert werden. Unsere Abbildung ist also eine Zusammensetzung der Polarität von Φ mit ihrer stereographischen Projektion.

Einer der wichtigsten Sätze der Abbildung ist der: liegen zwei Raumpunkte bezüglich Φ konjugiert, so schneiden sich ihre Bildkreise unter rechtem Winkel. Eine Gerade bildet sich als Kreisbüschel, eine Ebene als Orthogonalsystem ab. Legt man Φ einer nichteuklidischen (Cayleyschen) Maßbestimmung zugrunde, so hängt diese projektive Metrik mit den metrischen Beziehungen nichtorientierter Kreise analog zusammen, wie die $\mathfrak{P}$-Geometrie mit der Zykelgeometrie. Es können also bekannte Sätze der Kreisgeometrie zur Veranschaulichung dieser nichteuklidischen Raumgeometrie dienen. So z. B. hängt die „Entfernung" zweier Punkte p_1 und p_2 von dem Doppelverhältnisse ab, das die beiden Punkte mit den Schnittpunkten der Geraden $p_1 p_2$ mit Φ bilden. Es entsprechen dann gleichen „Entfernungen" gleiche Schnittwinkel der dazugehörigen Bildkreise usw. Im übrigen gelten für die hier auftretende stereographische Projektion von Φ die gleichen Sätze wie für die bekannte stereographische Projektion einer Kugel.

Abbildung der räumlichen Linienelemente auf die Punktepaare der Ebene von E. Müller. Unter einem Linienelement versteht man die Zusammenfassung eines Punktes $p(x, y, z)$ und einer durch ihn gehenden Geraden P. Faßt man P als Verbindungsgerade zweier benachbarter Punkte einer Kurve oder Fläche auf, so ist das Linienelement $(P p)$ durch x, y, z und die Verhältnisse $dx : dy : dz$ bestimmt. Da es durch jeden Punkt ∞^2 Richtungen gibt, so sind ∞^5 Linienelemente im Raum vorhanden. Die Abbildung geschieht nun folgendermaßen: Wir wählen einen Augpunkt $a\,(0, 0, 1)$ und suchen den Fluchtpunkt p'' von P, das heißt, wir legen durch a die Parallele zu P und suchen ihren Schnittpunkt mit Π, ferner ermitteln wir den Grundriß p' von p. Das orientierte Punktepaar $p'(\xi', \eta')$ $p''(\xi'', \eta'')$ soll nun das Bild des Linienelementes (Pp) sein. Die Abbildungsgleichungen sind dann:

$$\xi' = x \qquad \xi'' = -\frac{dx}{dz}$$

$$\eta' = y \qquad \eta'' = -\frac{dy}{dz}.$$

Es gehört wohl zu einem Linienelement ein bestimmtes Bild, doch gehören zum Punktepaar ∞^1 Raumelemente, deren Gerade dieselbe Richtung haben und deren Punkte übereinander (auf einer Normalen zu Π) liegen. Dies ist erklärlich, da es in Π nur ∞^4 Punktepaare gibt.

Diese Abbildung eignet sich trotz ihrer Unbestimmtheit sehr gut zur Abbildung von Raumkurven und Flächen. Denkt man sich eine Kurve K in ihre Linienelemente zerlegt, so bilden die ersten Bildpunkte den Grundriß K' von K, während die zweiten Bildpunkte auf der Fluchtspur K'' der Tangentenfläche von K liegen. K ist also auf die Kurven K' und K'', die aufeinander punktweise bezogen sind, abgebildet. Sind zwei solche Kurven gegeben, so ist die dazugehörige Raumkurve bis auf Verschiebungen normal zu Π vollkommen bestimmt. Bei der Abbildung einer Fläche kommen wir zu folgendem: in einem Flächenpunkt p gibt es ∞^1 Linienelemente, deren Gerade ein Büschel in der Tangentialebene τ von p bilden; es gehören also zum Bildpunkt p' alle Fluchtpunkte der Tangenten in p, die eine Gerade T'' erfüllen. Die Abbildung der Fläche liefert also in Π eine Punkt-Geraden-Verwandtschaft (allgemeine Reziprozität) $p' \longrightarrow T''$, und umgekehrt ist durch eine solche (unter gewissen Bedingungen anzunehmende) Verwandtschaft in Π eine Fläche bis auf lotrechte Verschiebungen bestimmt. Diese Abbildung kann also zur Untersuchung von Flächen mittels der Reziprozitäten in Π dienen und hat tatsächlich zur Auffindung neuer Flächengattungen Anlaß gegeben.

Literatur:

1. Tuschel, L.: Zur Verwertung der sphärischen Abbildung in der darstellenden Geometrie, Sitzgsber. Ak. Wien 117 (1908).

2. Müller, E.: Eine Abbildung krummer Flächen auf eine Ebene und ihre Verwertung zur konstruktiven Behandlung der Schraub- und Schiebflächen, Sitzgsber. Ak. Wien 120 (1911).

Abbildung räumlicher Vektoren auf die Stäbe der Ebene von v. Mises. Diese Abbildung wurde zur graphischen Behandlung der Statik räumlicher Kräftesysteme angewendet und kann als eine darstellende Geometrie der Vektoren im Raume bezeichnet werden. Haben wir im Raume zwei Punkte $p_1(x_1, y_1, z_1)$ und $p_2(x_2, y_2, z_2)$ und denken wir uns die Strecke $p_1 p_2$ von p_1 nach p_2 durchlaufen, so heißt diese Strecke orientiert (Pfeil). Die Gesamtheit aller dazu parallelen, gleichlangen und gleichgerichteten Pfeile nennen wir einen Vektor. Es kommt daher nicht auf die Lage, sondern nur auf Größe und Richtung bei einem Vektor an. Ist nun ein Vektor $\mathfrak{v}$ durch den Pfeil $\overrightarrow{p_1 p_2}$ gegeben, so kann man als seine Koordinaten X, Y, Z die folgenden ansehen:

$$X = x_2 - x_1, \quad Y = y_2 - y_1, \quad Z = z_2 - z_1.$$

In diesemAnsatze kommt zum Ausdruck, daß es gleichgültig ist, von welchem den Vektor $\mathfrak{v}$ bestimmenden Pfeil ausgegangen wird. Nimmt man einen Punkt v mit den rechtwinkeligen Koordinaten X, Y, Z an, so ist der Vektor auch durch den Pfeil $\overrightarrow{ov}$ gegeben. Es kann also jedem Vektor $\mathfrak{v}$ ein Punkt v zugeordnet werden, wenn man festsetzt, daß $\mathfrak{v}$ durch einen Pfeil repräsentiert wird, dessen Anfangspunkt der Ursprung und dessen Endpunkt v ist. Betrachtet man die von o ausgehenden Pfeile mit den Längen X, Y, Z auf den entsprechenden Achsen, so geben diese die Komponenten von $\mathfrak{v}$ in diesen drei Richtungen an.

Trifft man die Annahme, daß ein Pfeil $\overrightarrow{q_1 q_2}$ nur auf seiner Geraden verschoben werden kann, so bezeichnen wir den Inbegriff einer Geraden und einer darauf beweglichen gerichteten Strecke als einen Stab. Ein Stab ist also die Verbindung einer Geraden (Träger) mit einem zu ihr parallelen Vektor.

Betrachtet man bloß die Stäbe in Π, so genügt zur Angabe eines solchen eine Strecke mit dem Anfangspunkt $q_1(\xi', \eta')$ und dem Endpunkt $q_2(\xi'', \eta'')$ und die Forderung, daß $\overrightarrow{q_1 q_2}$ auf der Geraden $q_1 q_2$ verschiebbar ist. Der durch $\overrightarrow{q_1 q_2}$ bestimmte Vektor hat analog wie im Raume die Koordinaten

$$\xi = \xi'' - \xi', \quad \eta = \eta'' - \eta'.$$

Zu seiner Fixierung auf die Gerade benützen wir die Größe ζ nach der Definition:

$$\zeta = \xi' \eta'' - \xi'' \eta'.$$

Es gibt ζ den doppelten Flächeninhalt des mit Vorzeichen genommenen Dreieckes $o\, q_1 q_2$ an, welcher als das Moment des hiedurch festgelegten Stabes $\mathfrak{S}$ bezeichnet wird. Ist der Umlaufsinn des Dreieckes $o\, q_1 q_2$ positiv (negativ), so ist auch das Moment von $\mathfrak{S}$ positiv (negativ), das heißt, $\mathfrak{S}$ ruft — als Kraft angesehen — eine positive (negative) Drehung der in o festgehaltenen Ebene Π

hervor. Das Moment ζ ist auch das Produkt der Strecke $q_1 q_2$ und ihrem Abstande von o, welches mit dem nötigen Vorzeichen zu versehen ist. Ein Stab $\mathfrak{S}$ ist also durch die Koordinaten ξ, η, ζ bestimmt und diese Zuordnung trägt dem Umstande Rechnung, daß es gleichgültig ist, wo der Pfeil $\overrightarrow{q_1 q_2}$ auf seinem Träger angenommen wird, da sich auch dadurch der Inhalt $o\, q_1\, q_2$ nicht ändert.

Für die Abbildung der Raumvektoren $\mathfrak{v}\,(X, Y, Z)$ auf die Stäbe $\mathfrak{S}\,(\xi, \eta, \zeta)$ in Π werden die folgenden Gleichungen angesetzt:

$$\xi = X, \quad \eta = Y, \quad \zeta = Z.$$

Die Länge und Richtung des Stabes ist der Grundriß des Vektors $\mathfrak{v}$. Das Moment von $\mathfrak{S}$ ist gleich der zu Π normalen Komponente von $\mathfrak{v}$.

Unter dem Summenvektor $\mathfrak{v}\,(X, Y, Z)$ zweier Vektoren $\mathfrak{v}_1\,(X_1, Y_1, Z_1)$ und $\mathfrak{v}_2\,(X_2, Y_2, Z_2)$ versteht man den Vektor mit den Koordinaten:

$$X = X_1 + X_2, \quad Y = Y_1 + Y_2, \quad Z = Z_1 + Z_2.$$

Diese Gleichungen drücken die bekannte Vektoraddition aus.

Analog werden zwei Stäbe $\mathfrak{S}_1\,(\xi_1, \eta_1, \zeta_1)$ und $\mathfrak{S}_2\,(\xi_2, \eta_2, \zeta_2)$ zu einem Stabe $\mathfrak{S}\,(\xi, \eta, \zeta)$ summiert:

$$\xi = \xi_1 + \xi_2, \quad \eta = \eta_1 + \eta_2, \quad \zeta = \zeta_1 + \zeta_2.$$

Geometrisch geschieht eine solche Addition folgendermaßen: man verschiebt die auf $\mathfrak{S}_1$ und $\mathfrak{S}_2$ gelegenen Vektoren in den Schnittpunkt der Träger und addiert sie dort geometrisch; der so erhaltene Summenvektor gibt schon Lage, Größe und Richtung von $\mathfrak{S}$ an. Aus den Abbildungsgleichungen erkennt man nun den Hauptsatz der Abbildung, daß dem Summenvektor zweier Raumvektoren der Summenstab der Bildstäbe entspricht.

Literatur:

1. Mises, R. v.: Graphische Statik räumlicher Kräftesysteme, Ztschr. Math. Phys. 64 (1917).

2. Kruppa, E.: Über die Misessche Abbildung räumlicher Kräftesysteme, Ztschr. f. ang. Math. u. Mech. 4 (1924).

Buch- und Kunstdruckerei „Steyrermühl", Wien, VI.

Lehrbuch der darstellenden Geometrie. Von Prof. Dr. **W. Ludwig,** Dresden. Erster Teil: Das rechtwinklige Zweitafelsystem. Vielflache, Kreis, Zylinder, Kugel. Mit 58 Textfiguren. VI, 135 Seiten. 1919. Unveränderter Neudruck. 1924. 4.50 Reichsmark

Zweiter Teil: Das rechtwinklige Zweitafelsystem. Kegelschnitte, Durchdringungskurven, Schraubenlinie. Mit 50 Textfiguren. VI, 134 Seiten. 1922. 4.50 Reichsmark

Dritter Teil: Das rechtwinklige Zweitafelsystem. Krumme Flächen. Axonometrie. Perspektive. Mit 47 Textfiguren. V, 169 Seiten. 1924. 5.70 Reichsmark

Die drei Teile in 1 Band gebunden 16.20 Reichsmark

Lehrbuch der darstellenden Geometrie. In zwei Bänden. Von Prof. Dr. **G. Scheffers,** Berlin. Erster Band: Zweite, durchgegesehene Auflage. Neudruck. Mit 404 Textfiguren. X, 424 Seiten. 1922. Gebunden 14.— Reichsmark

Zweiter Band: Mit 396 Textfiguren. VIII, 439 Seiten. 1920. 11.— Reichsmark; gebunden 14.— Reichsmark

---

Koordinaten-Geometrie. Von Prof. Dr. **Hans Beck,** Bonn. Erster Band: Die Ebene. Mit 47 Textabbildungen. X, 432 Seiten. 1919. 17.— Reichsmark

---

Angewandte darstellende Geometrie, insbesondere für Maschinenbauer. Ein methodisches Lehrbuch für die Schule sowie zum Selbstunterricht von Studienrat **Karl Keiser,** Leipzig. Mit 187 Abbildungen im Text. 164 Seiten. 1925. 5.70 Reichsmark

---

Analytische Geometrie für Studierende der Technik und zum Selbststudium. Von Prof. **Adolf Heß,** Winterthur. Mit 140 Abbildungen. VII, 172 Seiten. 1925. 7.50 Reichsmark

---

Die Differentialgleichungen des Ingenieurs. Darstellung der für Ingenieure und Physiker wichtigsten gewöhnlichen und partiellen Differentialgleichungen, einschließlich der Näherungsverfahren und mechanischen Hilfsmittel. Mit besonderen Abschnitten über Variationsrechnung und Integralgleichungen. Von Privatdozent Prof. Dr. **Wilhelm Hort,** Oberingenieur der AEG Turbinenfabrik, Berlin. Zweite, umgearbeitete und vermehrte Auflage unter Mitwirkung von Dr. phil. **W. Birnbaum** und Dr.-Ing. **K. Lachmann.** Mit 308 Abbildungen im Text und auf zwei Tafeln. XII, 700 Seiten. 1925. Geb. 25.50 Reichsmark

---

Theorie der Differentialgleichungen. Vorlesungen aus dem Gesamtgebiet der gewöhnlichen und der partiellen Differentialgleichungen. Von Prof. **Ludwig Bieberbach,** Berlin. Zweite, neubearbeitete Auflage. Mit 22 Textfiguren. (Die Grundlehren der mathematischen Wissenschaften in Einzeldarstellungen. Herausgegeben von Prof. **R. Courant,** Göttingen, Band VI.) X, 350 Seiten. 1926. 18.— Reichsmark; geb. 19.50 Reichsmark